精神氮泵

活出不内耗不焦虑的自在人生

吉家乐——编著

文化发展出版社
Cultural Development Press
·北京·

图书在版编目（CIP）数据

精神氮泵 / 吉家乐编著 . — 北京 ： 文化发展出版社，2024. 11. — ISBN 978-7-5142-4463-2

Ⅰ . B821-49

中国国家版本馆 CIP 数据核字第 20241XU318 号

精神氮泵

编　　著：吉家乐

出 版 人：宋　娜　　特约编辑：胡宝林
责任编辑：肖润征　　责任校对：岳智勇　马　瑶
责任印制：杨　骏　　封面设计：创巢视觉
出版发行：文化发展出版社（北京市翠微路 2 号 邮编：100036）
发行电话：010-88275993　010-88275711
网　　址：www.wenhuafazhan.com
经　　销：全国新华书店
印　　刷：河北松源印刷有限公司

开　　本：880mm × 1230mm　1/32
字　　数：149 千字
印　　张：8
版　　次：2024 年 11 月第 1 版
印　　次：2024 年 11 月第 1 次印刷

定　　价：68.00 元
I S B N ：978-7-5142-4463-2

◆ **如有印装质量问题，请电话联系：010-58815874**

前言

PREFACE

生活中我们总是背负着各种压力：学业的压力、出人头地的压力、生存的压力、情感的压力、承担各种责任的压力……于是，我们努力将自己变得聪明，希望将纷繁复杂的问题解决在无形之中；凡事我们要更明白，不能稀里糊涂，判断失误；我们要努力攀上一个个高峰，虽然那里高处不胜寒，却能一览众山小，博万人仰慕；我们为自己制订了无数个目标，它们大得出奇，只要一举成功，就能成为浪尖上的人物。可人生不如意事十之八九，努力未必就能换来收获，付出未必就能得到回报，原本鸟语花香的人间天堂，被我们过成了暗无天日的灰色地狱。我们内心的那眼清泉日渐干涸，我们心灵的花朵日趋枯萎。

原来，我们的心灵需要滋养，需要精神氮泵。

来一杯精神氮泵，换一种轻松的活法，多倾听生命的声音，多采撷人性中乐观豁达的光辉，就能感悟生命的真谛，开启智慧的心灵，把握美好的生活。豁达是一种超脱，是自我精神的解放；豁达是一种宽容，理解他人，不仅能够保持心理的平衡，也能在人际交往中获得满足和快乐。否则，“风声鹤唳，草木皆兵”，睡觉都得睁着一只眼，长此以往就会陷入无休止的内耗。

来一杯精神氮泵，才能让自己过得好一些，才能让生活过得丰富一些。给心灵一条自由的通道——世间的事物在于你如何去看待，忧和喜只是生活带给我们的两种心情而已。给生命一个简单的快乐——生活中其实并不缺少快乐，缺少的是发现快乐的眼睛和感受快乐的心灵；给生活一些和谐的爱意——人是有感情的动物，人的内心很容易被感动，一句热情的问候，一个灿烂的微笑，一句真诚的祝福，就足以唤醒一颗冰冷的心。

来一杯精神氮泵，理智地挥去莫名的烦恼，巧妙地解除心灵的羁绊。让我们从现在开始，做你想做的，爱你所爱的。做错了，不必后悔，不要埋怨。跌倒了，爬起来重新来过，不经历风雨怎能见彩虹。唯有这样，你才能活出一个富有个性的、全新的自我。人就这么一生，不要去过分苛求，不要有太多的奢望，最重要的还是应该善待自己。

本书通过哲理论述与生动有趣的哲理故事完美结合，为读者送上一杯杯精神氮泵，力求帮助读者从中汲取营养，提升精神境界和品行修养，活出真实的自己，享受生命底蕴的纯美，超越自我束缚，以最好的精神状态去品味生活，享受人生。不论你是处在人生的哪个阶段，是少年、青年、中年，还是老年，也不论你是学习、工作、创业，还是生活，都能从本书中找到属于自己的精神滋养。

目录
CONTENTS

上篇 停止内耗

中篇 走出心无力

上篇

停止内耗

第一章

华枝春满，天心月圆

“青青翠竹皆是法身，郁郁黄花无非般若。”智慧不仅在转动的经筒前或清修的寺院里，同样也在平凡的人间。生活是最好的修炼场，包括一言一行、一颦一笑、一草一木、一餐一饭。

心若放下，云淡风轻

古时候，有一个佛学造诣很深的年轻人。一天，他听说某个寺庙里有位德高望重的老禅师，便前去拜访。老禅师的徒弟接待他时，他态度傲慢，心想：我是佛学造诣很深的人，你的师父还不知是不是徒有虚名，你能有什么了不起的呢？过了一会儿，老禅师从屋里走出来，十分恭敬地接待了他，并亲自为他沏茶。

在倒水时，杯子明明已经满了，老禅师还在不停地倒。年轻人于是不解地问：“大师，为什么杯子已经满了，你还要往里

倒？”大师说：“是啊，既然已满了，干吗还倒呢？”原来，老禅师的言下之意是：既然你已经很有学问了，为什么还要到我这里来求教呢？

这就是佛教所说的“空杯心态”。它的象征意义是，做事情要有一个好的心态。如果想学到更多，要先把自己想象成一个空的杯子。一个自大的人多半盲目，而且容易自满。这使得他不能接受新思想、新事物，也没办法得到新知识的沐浴。而一个谦虚的人则常常虚怀若谷，他能将自己的心清空，以装进生命中更多的财富。

“清空杯子，沏入新茶”是中国佛教非常经典的一句话，可以引申出许多人生智慧，比如虚怀若谷，比如空杯心态。

在带领弟子闭关体验禅门生活时，会要求大家将手机关闭并统一上交。我们这些每天奔波在尘世的人，看起来风尘仆仆、充实忙碌，实际上却常常焦躁不安、烦恼多多。我们一会儿打电话，一会儿发短信，为订单发愁，为股市担忧，怕生意谈不成，怕客户会投诉……凡此种种，不一而足。而在喧嚣的尘世中，拥有这样一颗被周围各种消息缠绕、凡事都牵肠挂肚的心，又怎么会获得真正的宁静呢？

现在，回头再看那个禅师与杯子的故事，你会发现，如果我们不怀着谦虚的态度来学习和工作，心里面被自大撑得满满的，就没有地方容纳别人的优点。同样的道理，如果我们带着许许多多的烦恼、执着来体会每一天，那么，我们将无法获得灵魂的清静，也无法做到真正放下。

放下也是一种舍得。所谓舍得，正是“有舍才有得”。正如故事里的禅师所说，只有先倒空你的杯子，才能装入一杯新茶。“禅味茶味，味味一味”也正是这个道理。

精神氮泵

先倒空你的杯子，再装入我的新茶。

爱出者爱返，福往者福来

对于我们的整个人生来讲，首先，你播种什么，就会收获什么。若想事情有好的结果，就应该先付出，这样才会有相应的收获。

在一个宽敞的庭院中，一个小孩子站在院子中央，抬头看着星空。天空缀满繁星，星空下是一个葡萄架，上面缀满了繁星一样的葡萄。小男孩看到那些葡萄又大又圆，索性摘下一颗放入口中。这颗葡萄饱满、香甜，非常可口。小男孩儿吃了之后非常高兴。但是，他很迷惑，自己家并没有种过葡萄，为什么会出现葡萄呢？

原来，这是隔壁人家撒下的一颗种子，随星移月转，葡萄藤慢慢越过墙头，爬到了自己家中。小男孩儿看到的只是整个葡萄藤的一部分，看到的只是垂在自己眉心前的一粒葡萄，却不知道，这粒葡萄里含着前世的辛苦耕耘；更不知道，在一枚小小的葡萄籽背后，还会有更多葡萄架、葡萄藤、葡萄汁……

“爱出者爱返，福往者福来”，以狭小的眼光去看待世界，我们就会患得患失，因为自己园子里可以吃到意外的甜葡萄而高兴，又或因为没有吃到葡萄而懊恼。如此，我们便成了一个个只看到院落里四角天空的小孩子，而很难用更为广大的视野来审视整个人生。

有一个商人生意越做越小，十分艰难，于是跑去请教禅师。

禅师说："后院有一个压水井，你去给我打一桶水来！"半响，商人汗流浃背地回来说："这口水井是枯井。"禅师说："那你就到山下给我买一桶水来吧！"商人去了，回来后仅仅拎了半桶水。禅师说："我不是让你买一桶水吗？怎么才买半桶水呢？"商人红了脸，连忙解释说："不是我怕花钱，山高路远，提一桶水实在不容易。""可是我需要的是一桶水，你再跑一趟吧！"禅师坚持说。商人又到山下买水，结果一路颠簸回来后仍只剩了半桶水。禅师说："现在我可以告诉你解决的办法了。"他带商人来到那口水井旁边，说："你把水统统倒进去。"商人非常疑惑，犹豫不决。"倒进去！"禅师命令道。

于是，商人先将一个半桶水倒进水井里，禅师让他压水看看。商人压水，可是只听到那喷口呼呼作响，却没有一滴水出来，那半桶水全部让水井吞进去了。

商人又拎起另外的半桶水全部倒进去，再压，清澈的井水喷涌而出，他恍然大悟。

春种一粒粟，秋收万颗子。世间万物，其实都和种庄稼差不多，种瓜得瓜，种豆得豆。你种下一粒葡萄籽，就会长出甜美的葡萄。如果我们整天只能仰望星空来幻想，而不能脚踏实地去耕耘的话，那么我们只能是一个等待别人收获后惠及自己的小孩子，而不是一个能主宰自己人生的主人。

其实，人生中的很多事都极像那粒被我们偶然吃到的甜葡萄。就像我们只看到别人的成功，却看不到他们默默耕耘的日子里，那些含辛茹苦的努力，尽力而为的艰辛。没有一个收获是可以从天而降的。我们看到的结果都是许许多多的昨天累积而成的。

生活中，不论是成功与失败，还是忧愁和欢乐，都是我们天天耕耘、日日灌溉的结果。你播种什么，最后就能收获什么。如果你在心里种下烦恼，那么你将收获抑郁或烦躁；如果你种下一片爱心，那么当世界变得更加可爱而光明时，你也将得到爱的回报。

精神氮泵

理解因果而不误解因果，相信命运而不迷信命运。

泊心之所，宁静归处

记得曾有一组漫画，画的是在早上八九点钟的上海地铁里，人山人海，摩肩接踵。人们互相推着往前走，谁走慢了都会遭到周围人的白眼。如果在这个时候谁的鞋被踩掉了，恐怕都没有时间和空间给他回头找鞋的机会。不只是上海，北京、广州等大都市都有这样的情况。赶在早高峰上班的时候，用网友的戏称来说，人在地铁里会挤得像明信片一样。

也许有人会说这就是现代生活带给我们的充实，可仔细想想，除了充实之外，我们是不是还遭遇了许多的现代病？比如烦躁、焦虑、紧张、失眠、抑郁……高科技的生活和高科技一样，是一柄双刃剑，有有利于生活的地方，也有不利于生活的方面。吉祥上师曾经用这样三个字来总结我们今天的生活：忙、盲、茫。

第一个“忙”是说人们忙碌的状态，人忙心也忙。第二个“盲”是指人们忙碌的目标，就是盲目地忙碌，用一个简单的词来说，就是瞎忙。对于那些看似忙忙碌碌的人，如果你抓住他问他一句：“你在忙什么？”他多半都不知道。也因此，就有了第三个“茫”——迷茫。人们是如此忙碌，像个陀螺一样高速旋转，好像一旦自己闲下来，世界就会崩塌。

可事实上，我们都知道那句看似玩笑的真理：地球离开谁都照样运转，谁都不可能成为世界的核心。我们在建造世界、改变世界的时候，却常常忘了最重要的事，就是先建设自己。促使人们如此忙碌的并不是紧张的工作和生活，而是人们内心对追求更高更好的物质生活的一种焦虑和饥渴。

很多人都知道，瑞士是世界上国民幸福指数很高的国家，却很少有人知道瑞士的首都是不通飞机的。瑞士是一个多湖的国家，星罗棋布的大小湖泊遍布全国。漫步在湖边的草地上，静谧到极致的风景便笼罩了你。站在水边，望着一碧如洗的水中天，简直分不清哪是水、哪是天。水天一色的澄澈可以让所有的浮躁都安静下来，每个到过那里的人都会不由自主地融入其中，做了画中之人。所以，当初有人提出要在首都修建机场时，绝大多数市民都投票反对，因为他们不愿让飞机的噪声影响城市的安静，不愿看到繁忙的飞机掠过城市的上空，也不愿意让现代化的进步改变他们原本快乐的生活节奏。所以，大多数人只知道瑞士是世界上非常富裕的国家之一，却不知道真正富有的是他们气定神闲的灵魂。

如果我们能够在现代化生活的疲惫中，时常给自己的心灵放个长假，让为物质生活奔忙的灵魂早点儿回到宁静的心灵家园，那么我们就会天天都有好心情，天天也便都是快乐的假期了。

精神氮泵

每天都有好心情，天天都是好假期。

第二章

不忧不恼，体会岁月静好

“慈是与乐，悲是拔苦。”人们常常将人生比喻成无边的苦海，能够离苦得乐，是每一个生命的渴求。行走在滚滚红尘中，每天都会遇到各种烦恼，需要我们不断去接受和克服。就像每天给心灵除草，我们应随时掐断烦恼的幼苗，用自己的智慧找到更多快乐的理由。

摆脱一切烦恼，获得一身清净

也许很多人都会有类似的感觉，生活在我们周围的人，说得最多的一个词就是“烦”。“最近比较烦”“特别烦”“烦死了”“太讨厌了”“实在受不了了”……人们用种种同义词倾诉着相同的主题，宣泄着对生活的不满。

一天，一位睿智的老师与他年轻的学生一起在森林里散步。走着走着，老师突然停了下来，仔细地看着身边的四株植物：第一株是一棵刚刚冒出土的幼苗；第二株已经算得上是挺

拔的小树苗了，它的根牢牢地扎在肥沃的土壤中；第三株已然枝叶茂盛，差不多与年轻的学生一样高；第四株是一棵高大的橡树，年轻的学生几乎看不到它的树冠。

老师指着第一株植物对年轻的学生说：“把它拔起来。”年轻的学生用手指轻松地拔出了幼苗。

“现在，拔出第二株植物。”学生听从老师的吩咐，略微用力，便将树苗连根拔起。

“好了，现在，拔出第三株植物。”那个学生先用一只手拔，然后改用双手全力以赴，最后，第三株植物终于倒在了他的脚下。

“好的，”老师接着说道，“去试一试那棵橡树吧。”学生抬头看了看眼前高大的橡树，想了想自己刚才拔那棵小得多的树木时已然筋疲力尽，所以他拒绝了老师的提议，甚至没有做任何尝试。

“我的孩子，”老师叹了一口气说道，“一个人的习惯就像是眼前的这棵橡树，一旦长成，想要拔除，可不容易啊！”

这个近似寓言的小故事告诉了我们这样一个道理：无论是好的习惯还是坏的习惯，一旦形成，就会十分牢固，你使用最大的力气也很难拔起。所以，在那些不良的小习惯还没有长成不可撼动的大树之前，应及时改正，将坏习惯扼杀在萌芽状态。

而现代社会中，人们最容易在忙碌和焦躁中形成的习惯就是——烦躁。

那么，该如何控制我们的烦恼不像春天的野草一样疯长呢？有人说应该在烦躁的时候睡觉，有人说应该出去逛街看电影，也有人说应该找朋友们聊天散心……不管采用什么样的方法，想要达到的目标只有一个：消除刚刚萌芽的烦恼。有位上师曾做过一个风趣的比喻：“别让烦恼从豆芽儿长成参天大树。最好每天都给自己一个温馨的提醒：将忧愁消除在萌芽状态。如此循环，我们就能养成平和的心态，烦恼越来越少，幸福越来越多。”

“别让烦恼从豆芽儿长成参天大树。”这是多么形象的一个比喻啊！

当我们的烦恼、忧愁、懦弱和悲伤才刚刚萌生的时候，就像刚刚破土而出的小幼苗，只要稍稍用力，就可以连根拔除。这个时候，只要我们在心灵的沃土里种下善良、欢喜、分享、感恩等美好的种子，并细心培植、精心呵护，就可以使之茁壮成长，并慢慢生根，最终长成一棵参天大树。

精神氮泵

将忧愁消除在萌芽状态，养成平和的心态，烦恼会越来越少，幸福会越来越多。

比较生烦恼，平静才幸福

某次修行，当老师讲到何为“幸福”时，忽然吩咐弟子给在座的人派发巧克力豆。等大家吃过巧克力豆后，他又让弟子给大家每人发了一个香蕉。然后，老师问人们：巧克力豆甜不甜？毋庸置疑，在场的人异口同声地说：“很甜。”老师接着问：“香蕉甜不甜？”人们的答案就不一样了。刚才还没有来得及吃巧克力豆的人，咬了一口香蕉，觉得很甜。而刚才吃了巧克力豆的人，再吃香蕉的时候就摇着头说“不甜”。

老师微笑着对大家说：“其实巧克力和香蕉都是很甜的，你们的区别是因为有了‘甜蜜的比较’。因为有了更甜的巧克力，再吃香蕉的时候往往就觉得不甜了。这就像我们的生活，很多时候，我们的幸福并不是因为我们本身拥有得太少，而是因为我们要求得太多，总是和过去、和他人比较太多，计较太多。不是香蕉不甜，而是我们的心在这比较中纠缠得太‘苦’了……”一席话过后是一片沉寂，人们都陷入了对自己的反省与沉思中。

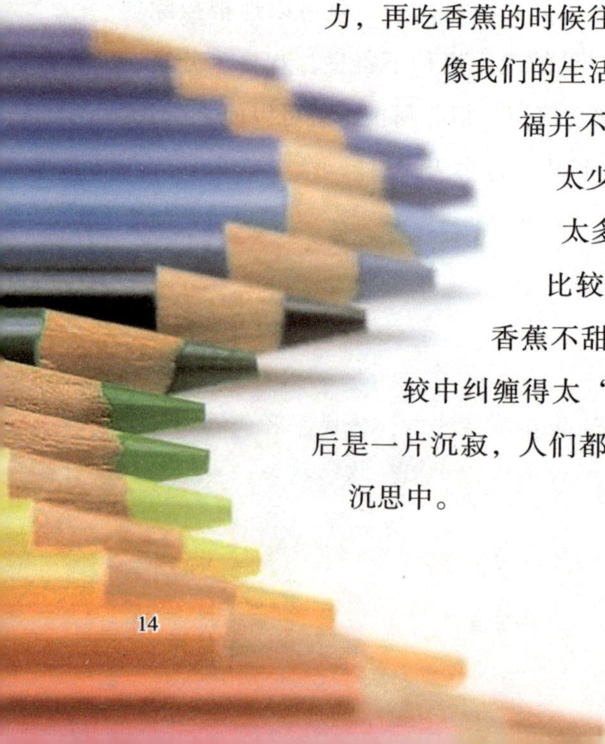

孔子说："未得之患得之，既得之患失之。"人们总是在瞻前顾后中比较着彼此的家庭、事业、爱人、孩子、车子、房子……有时候觉得自己比别人好一点儿，有时候觉得别人比自己强一点儿，就在这种不由自主、患得患失的比较中获得快乐生活的勇气。

在美国某个中产阶级的街区，有几个乞丐常年在街口行乞。过往行人有的施舍给他们点儿钱，有的就捂着鼻子从他们身边不屑地走过。虽然有很多流浪的乞丐，但是这个街区的治安却出奇地好，没有发生过任何不良的现象。但是，后来街区整修，人们觉得有乞丐在路边实在不雅，所以就把他们赶走了。可街道整齐了之后，治安反倒不好了，偷盗、抢劫等暴力事件时有发生。人们一时之间竟然不知是什么原因。

其实道理很简单，就是两个字：比较。

当一个人觉得自己满脑子都是悲苦的时候，虽然西装革履地上班，却承受着巨大的生活压力，内心的烦躁和无奈早晚会让他崩溃。但是，当他看到世界上还有乞丐的时候，看到他们衣衫褴褛、流落街头的时候，他会怎么做呢？他会拿出一点儿钱来接济他们。这个时候人就会容易满足。但是，当乞丐不在街区时，他一出来，满街的人都光鲜亮丽，属自己最差，时间久了就会觉得自己的生活没有希望了。内向的人往往就会自暴自弃，外向的人可能就会仇视社会。无论哪一种情况，于人于己都是有害无利的。

所以，最好不要把我们的快乐建立在简单的比较上，这样的话我们虽然容易获得庆幸的感觉，却很难长久地支撑自己的满足感。在比较中寻求快乐是极其不安全、不明智的。因为真正的快乐应该是对他人的幸福没有过多的羡慕。这个时候，我们的幸福才是真正恒久的。

不管分到我们手里的是香蕉还是巧克力豆，不管我们原来品尝过的是青涩还是香甜的味道，每一口品尝，都应该认真体会。就像每一段人生，不管它是否像别人一样完美，有没有预期的精彩，我们都应该用心度过，用自己的智慧点燃幸福的火炬。

精神氮泵

真正的幸福不用比较。

感恩生活，感恩一切

先来看这样一组统计数据：假如将全世界的人口压缩成一个100人的村庄，那么这个村庄将有：57名亚洲人，21名欧洲人，14名美洲人和大洋洲人，8名非洲人；52名女人和48名男人；30名基督教徒和70名非基督教徒；89名异性恋和11名同性恋；6人拥有全村财富的89%，而这6人均来自美国；80人住房条件不好，70人为文盲，50人营养不良，1人正在死亡，1人正在出生，1人拥有电脑，1人（对，只有1个人）拥有大学文凭……

现在，当你看完这份调查报告后，是不是有所触动呢？我们不是文盲，没有营养不良，甚至还拥有电脑和舒适的住房。原来，我们的生活并没有想象中的那么糟糕。我们整天哀叹、抱怨的"苦日子"放在更广大的时空里，竟然是很多人甘之如饴的渴求。原来，这就是幸福的味道。

如果我们以另一种眼光来衡量世界，或许感受将会更加强烈。一篇网络文章这样写道：

"如果今天早晨起床时身体健康，没有疾病，那么我们比世界上其他几千万人都幸运，他们有的因为疾病和灾难甚至看不到下周的太阳；如果我们没有尝试过战争的危险、牢狱的孤独、酷刑的折磨和饥饿的煎熬，那么我们的处境比其他5亿人要好……如果我们的冰箱里有可口的食物，身上有漂亮的衣服，有床可睡，有房可住，那么我们比世界上 75%的人都富有；如果我们在银行有存款，钱包里又有现钞，口袋里也有零钱，那么我们已经成为世界上 8%最幸运的人。此时，如果我们父母双全、没有离异，那我们就是很稀有的幸运的地球人；如果读了以上的文字，我们能够理解、能够明白、能够体会到自己的幸运和快乐，说明我们已不属于 20 亿文盲中的一员，他们每天都在为不识字而痛苦……”

当这些温暖的文字不断流入人们的眼中，很多人涌出了热泪。原来，幸福不在别处，就在我们的手中。我们拥有很多人羡慕的工作、事业与家庭，拥有健康、阳光与和平，拥有人世间最真挚的亲情、爱情与友情……可是，就像很多时候我们常常会手里拿着东西却满屋子去找一样，我们竟然握着幸福而不自知。

我们为得不到而忧虑，为已失去的而懊恼，却忽略了我们手中已经拥有的幸福。因为我们忘记了一件很重要的事：感恩。

感恩是最好的减压方式。它能够让我们明白活在当下的分分秒秒都是一种莫大的幸福。从历史的延续性上来看，无论是物质技术还是文化传统，主要来自继承前人的成果。而就活在当下来讲，我们每个人的生活也都依赖他人劳动的成果，包括衣食住行、柴米油盐。我们在获得每一粒米、每一件衣服的时候，都应该存有这样的感恩之心。

感谢赐给我们生命的父母；感谢给予我们人间欢乐的爱人和朋友；感谢人类曾经用鲜血的教训换来的和平与稳定；感谢日新月异的科技为我们的生活带来便利……当然还要感谢阳光、雨露的滋养，感谢土地对我们生生不息的养育。

很多人抱怨生活的不完美，却不知道还有更坏的生活，就像有的人抱怨自己没有鞋穿的时候，是因为他没有看到有的人还没有脚。其实，我们不需要通过与别人的比较来获得幸福，我们应该把目光收回来，放在自己的手里，珍惜我们拥有的一切。

把握身边的快乐

据说，上天在创造蜈蚣时，并没有为它造脚，但是它们可以爬得和蛇一样快。有一天，它看到羚羊、梅花鹿和其他有脚的动物都跑得比自己快，心里很不高兴，便嫉妒地说："哼！脚愈多，当然跑得愈快！"于是，它祷告说："神啊！我希望拥有比其他动物更多的脚。"上天答应了它的请求。他把很多脚放在蜈蚣面前，任凭它自由取用。蜈蚣迫不及待地拿起这些脚，一只一只地往身上贴，从头一直贴到尾，直到再也没有地方可贴才停止。

当蜈蚣心满意足地看着满身是脚的自己时，心中一阵窃喜："现在，我可以像箭一样地飞出去了！"但是，等开始跑时，它才发现自己完全无法控制这些脚。这些脚各走各的，它只有全神贯注，才能使一大堆脚顺利地往前走。这样一来，它走得比以前更慢了。

这个故事告诉我们一个简单的道理：有时候，多不一定就是好事情。

现代社会，人们越来越重视对金钱的追求和对物质的占有，好像什么东西都是越多越好。殊不知，金钱固然可以换取许多的享受，可不一定能换来真正的快乐。钱越多的人，内心的恐惧感常常越深，他们怕偷、怕抢、怕被绑架。

这个世界上有一个东西是越多越好的，那就是——快乐。只有我们不断用自己的智慧找到更多快乐的理由，我们的人生才是不断精进的、不断丰富的、不断圆满的。

一个刚满16岁就辍学出来打工的男孩，因为文化水平不高，只能做很重的粗活儿，比如洗碗、刷盘子，每个月最多只有二百多块钱的工资。认识上师时，上师觉得他很可怜，于是问他当年的感受：“你当时做这么累的工作，赚这么点儿钱，你会不会觉得很不开心？”男孩摇头说：“不会啊，我很开心。因为在家时父母要给我零花钱的话也就几十块钱，可是我现在可以自己赚到二百块钱了，我从来没有这么多的零花钱。”

后来，这个男孩开始了自己的创业生涯。刚开始时，他只要赚个一万、两万，甚至几千块钱，都觉得非常高兴。因为他的目标很低，所以很容易达到，也容易获得成就感，有了成就感就容易获得快乐。但是，当他到了年收入一百万的时候，反而就没有最初的快乐了，因为他希望可以赚一千万，赚不到一千万就不高兴了，就对事业很失望，就觉得工作有缺憾。

当他将自己的经历与苦恼告诉上师的时候，上师开导他说：快乐与我们拥有的多少无关，与我们的满足感有关。快乐就是快乐，刷盘子洗碗也可以快乐，开着奔驰宝马私家飞机也可能不快乐。蜈蚣的脚很多，却没有原来跑得快；富翁们的钱很多，却没有打工的小孩儿更能体会人生的快乐。一个人只有具有真正的智慧才可以帮助自己找到更多快乐。唯其如此，我们人生幸福的雪球才会越滚越大、越滚越圆。

快乐，是所有生命的渴求。人生一世，匆匆地来，匆匆地去，能够把握和感受的只有爱与快乐。短短几十年的欢愉相对于历史长河来说，实在微不足道。但对于每一个生命来说，这却是最宝贵、最强烈的渴求。

用我们的智慧找出那些埋藏在身边的快乐吧，为亲友们的支持，为孩子们的进步，为周围人的良善，为拓宽的马路，为新修的商场，为怒放的玫瑰，为酷暑的清凉，为一花一叶、一颦一笑，为四季的轮回、生命的欢腾而喜悦和幸福。

精神氮泵

快乐与我们拥有的多少无关，而与我们的满足感有关。

第三章

大爱无边，心静如水

一颗没有爱的心，怎么可能会升起欢喜与善念？一颗未曾有过真爱的心，始终难生大爱。从对身边每一个人的小爱做起，懂得慈悲，懂得信任，懂得宽容。

爱需要彼此扶持

曾经有人做过一个调查，问题是：现代社会中理想伴侣的条件应该是什么？在答案公布之前，人们以为可能是钻石王老五，或者是才貌双全、德艺双馨、气质如兰的美女……但答案是非常简单。很多人看了之后，不禁大跌眼镜。

那么，理想伴侣的条件究竟是什么呢？简而言之，就是八个字：带得出去，带得回来。这个条件看起来实在太简单了，但只要你仔细想想就会发现，其实这八个字才是最难的。

我们可以看到，很多伴侣你把他（她）带到一个大的交际场上去了，他看到更美的、更年轻的、更漂亮的女人；她看到更有钱的、更英俊的、更有才华的男人。结果，人会怎么样？很多人当场就会交换名片或互留电话号码。现在通信设备如此发达，回去之后，短信飞来飞去，电话打来打去……聊着聊着就带不回来了。

一些国家是不允许离婚的。曾有一对异国夫妻，他们想要在一个这样的国家领取结婚证。当他们看到不能离婚的规定时，年轻人变得有点儿紧张。但好在这个国家的政策比较宽松，可以自由选择结婚的年限。所以，他们选择了一年的婚约。结果，当他们去缴费时，发现需要交纳高达 600 美元的结婚费。这让他们非常害怕，并庆幸只选了一年的婚期。

在这一年中，他们互相磨合、适应，发现对方就是自己要找寻的可以成为终身伴侣的人。于是，他们在第二年又去续约自己的结婚年限。这一次，他们带上了自己全部的现金，因为上次选了一年的婚期都要那么多的钱，一辈子的婚期不知道要交纳多高昂的费用呢？结果，出乎意料的是，他们只交了 5 美分的费用。因为，如果他们愿意此生相守，就证明了他们彼此的信任与扶持将伴随整个的生命。因此，他们理应接受社会的祝福，也不需要交纳昂贵的费用。

其实，爱情与婚姻都不是某个人的付出或某个人的享受，而是需要两个人共同经营的事业。风雨中彼此扶持，阳光下共享欢笑。世界因为有爱，所以我们才能在有限的生命中坚持走到最后。爱情不仅是甜蜜的选择，也是一种勇敢的承担。

有人说：“情如鱼水是夫妻双方最高的追求，但是我们都容易犯一个错误，即总认为自己是水，而对方是鱼。”长相守才能长相知，长相知才能不相疑。不论何时，都应牢记结婚时的约定、恋爱时的誓言：无论贫穷、疾病都不能把我们分开，直到死亡来临。也唯有彼此信任，才能让我们敢于把彼此带到富丽堂皇的宴会厅，带到热闹喧哗的大排档。而无论在哪里，无论身处何方，能够一起回家的感觉都应该是最大的幸福。

正如歌中所唱：“我能想到最浪漫的事，就是和你一起慢慢变老。直到我们老得哪儿也去不了，你依然是我手心里的宝……”这种境界恐怕是现代人对爱情的最高企盼了吧。

精神氮泵

我能想到最浪漫的事，就是和你一起慢慢变老。

男人可以没才没钱，但不能没责任感

这个年代，有才的男人可以追求浪漫，有钱的男人可以追求深沉，而没才没钱的男人，简直连“活路”都没有了。可是，在这种普遍看法中，其实存在着很多时代的隐忧。比如，当我们以金钱的多寡来衡量人格的魅力时，必然会忽视很多人性本身美好的品质。而这些恰恰是我们不应忽略的人性优点。

我们偶尔能听到杀人灭门的惨案，为了一点儿蝇头小利，多少年的兄弟反目成仇；为了拆迁的房款，有的人甚至向自己的父母妻儿举起了屠刀，凡此种种都让人心生恐惧。所以，我们怀疑、忧虑、恐慌，觉得弥漫在我们周围的只有利益，因为利益是物质世界能见度最高的东西。

我们的才华和财富都是可以不断积累的，但我们纯良的本性以及由此生发出来的美德，却是才华和财富所无法取代的珍宝。

我们在勤修自己的才华、珍惜自己的财富时，千万不要忘记守护自己的良知。

“人之初，性本善”，在孩子们没有被极端物质化的眼睛里，我们能找到人类美好的品质，能发现支撑我们走向未来的勇气和希望。

社会能够发展到今天，无论是和平的条款、商业的规约，

还是婚姻的缔结，哪一次不是跟责任有关的呢？没有责任，何来义务？没有义务，何来权利？

我们总是躲避责任，那么有一天，当偷东西的手伸向我们的钱包、当歹徒的刀向我们挥来的时候，还有谁愿意帮助我们呢？如果我们也放弃责任、放弃原则、放弃坚守，那我们拿什么来要求别人对我们负责呢？我们拿什么来信守我们的承诺，兑现我们的约定呢？

正因为一些人缺少担当责任的心态，所以在许多婚姻中，人们总是抱怨自己付出得太多，对方给予得太少。可是，人们似乎忘记了婚姻更多的并不是恋爱的激情，而是漫长婚约里的责任。

如果仅仅凭借激情的参与，爱情也好、婚姻也罢，哪怕是友谊，也很难长久地维持下去。既然选择了相知相惜，就应该在责任的牵引下，相伴相守，风雨同舟。

现在，有些女孩子在择偶时总是过分强调物质条件，却忽视了对其人品的要求。一个人即便学富五车，日进斗金，但如果缺少了责任心，缺少了对家庭、对他人、对社会的责任感，他的灵魂也终究是残缺不全的。与此相比，一个愿意为家人承担责任、愿意为社会和谐贡献力量的人，反倒是虽贫犹富，因为他富有的是精神。

换句话说，一个有责任心的人，他将会在事业上得到更多的信任，得到更好的平台和发展，又怎么会是注定贫穷的人呢？老天爱笨小孩儿，踏实地走好人生的每一步，才是通向美好人生的捷径。

精神氮泵

一个人即便学富五车，日进斗金，但如果缺少了责任心，缺少了对家庭、对他人、对社会的责任感，他的灵魂也终究是残缺不全的。

生命的关怀有时只是一粒米

一个人在听了佛法教人以布施后，对禅师说："等我以后有了钱，一定广修供养，做一些济世救人的事业。"

"等你有钱以后再行布施，那你永远不会有钱，也不会布施。"

"为什么呢？"

"因为富有从布施中来呀！所谓舍得，都是先有舍，后有得。"

"可是……"这个人面露难色，"我很贫穷，连饭都吃不饱，该如何布施呢？"

禅师从那人碗里夹起一粒米，停了一会儿，说："一颗真诚恭敬的爱心，从一粒米做起。"

也许，在很多人看来，一粒米算不了什么，它无关饥饿、健康、财富，甚至不会给生命带来细微的改变，可是，在上师的眼里，一粒米中却包含着对生命最初的关怀和最深的敬意。很显然，一粒米对于我们来说是无所谓的，可对一些小生灵来说，却是生死攸关的。

我们小时候都曾经蹲在大树下看蚂蚁。那些小小的蚂蚁抬着一粒米艰难前进着，恐怕很多人都对这一情景记忆犹新。当我们看着那群小小的生命因一粒米而饱满、欢愉时，我们干枯、

冷漠、僵硬的心，也因为见到这种生命的渴求与收获而润泽、柔和、欢喜。

“我们的生命由每粒米来养护。”每一粒米，都蕴含着大自然的生命力，在这微小的米粒里，我们把这构成生命要素的关怀送给其他生命，让它们与我们一同分享：分享我们的情谊，也分享我们对生命的敬意。在这原本无所谓的一粒米中，我们获得了快乐。因为它装载了大自然的阳光、空气、清风、细雨，也装下了我们的同情、慈悲、爱心与善良。即使小小的善心，也会给我们带来无限的快乐与福气。

细细想来，生活中的很多事情也是如此，常常并不是我们没有能力去做，而是我们肯不肯去做，有没有一颗无微不至关怀他人的善心。

有一个故事：

在一个寒冷的冬夜里，有一个乞丐来到寺院找到禅师，向禅师哭诉家中妻儿已经多日未能进食，眼看就要饿死了，不得已来请求禅师救助。禅师听完后非常同情他的遭遇，慈悲之心顿生。可是自己身边既无金钱，也没有多余的食物，该怎么办呢？他左右为难地环顾四周，突然，他看到了准备用来装饰佛像的金箔。于是，禅师对乞丐说：“把这些金箔拿去换些钱，给你的妻子和孩子买些食物吧！”

等到乞丐离开后，一直站在禅师旁边的弟子终于忍不住了，他埋怨说：“师父，您怎么可以对佛祖不敬呢？”禅师心平气和地对弟子说：“我之所以这么做，正是出于对佛祖的一片敬重之心啊！”弟子愤愤不平：“这些金箔本来是用来装饰佛像的，可您就这样送给了乞丐，我们用什么来装饰佛像呢？这又怎么是敬重之心呢？”禅师正色说：“平日里你们诵读的经文、修习的佛法都到哪里去了？佛祖慈悲，割肉喂鹰、以身饲虎都在所不惜，我们怎么能为了装饰佛身而置人性命于不顾呢？”

这样的诘问，恐怕不管是谁都会惭愧地低下头。

在我们看来很微小的事情也好，或者很庄严的事情也罢，其实都逃不过最简单的两个字：慈悲。我们以慈悲心关爱他人，愿意解人于危难、救人于水火，这个世界就会越来越美丽。

精神氮泵

生活中的很多事情常常并不是我们没有能力去做，而是我们不肯去做。

第四章

简单做人，简单处世

人越简单，人际关系就越简单，彼此之间的负担也就越少，相处起来才会更融洽。其实，智慧并不是绕来绕去的烦琐，而是化繁就简，直抵事情的核心。做人，亦如是。

人缘好的人做事总是很顺当

好莱坞有句流行语："成功不在于你会做什么，而在于你认识谁。"这是形容良好人际关系的再形象不过的说法了。人际关系的重要性是我们每个人都认同的，所谓"多个朋友多条路"就是这个道理。孟子把"天时、地利、人和"看作是战争中取胜的三个要素。

其实，人生之成败不也像极了一场战争吗？我们需要天时地利的机缘，也需要良好的人际关系。

一个总是忙忙碌碌、热热闹闹的人，多半人缘很好。愿意帮助别人的人，人们会喜欢他。而这样的人一定是越来越忙，因为需要他帮忙的人将会越来越多。但同时，我们也可以看到，当他遇到困难的时候，帮助他的人也会很多。

普通的赢利以“利己”为首要目的，甚至当成唯一的目的，人们的眼神儿会充满贪婪和索取，彼此间的信任也将荡然无存。在这种情况下，人们反而更难获利。但如果我们追求“心灵的赢利”，以超然的态度、助人的目标为赢利的指针，那么我们的心就会感到安乐、温暖、柔和，这样，我们将更容易获利。正如日本“经营之圣”稻盛和夫在《活法》一书中所说，“商业社会的核心价值应该是让对手和自己同时获利，要时时存有自利利人的精神”。

清代乾隆年间，南昌城有一位叫李沙庚的店主，他以货真价实赢得顾客满门，但他赚了钱以后便掺杂造假，对顾客也怠慢起来，所以生意日渐冷落。书画名家郑板桥来店进餐，李沙庚惊喜万分，恭请郑板桥题写店名。郑板桥挥毫题写“李沙庚点心店”六字，墨宝苍劲有力，引来众人观看，但还是无人进餐。原来，郑板桥的“心”字少写了一点，李沙庚请求补写一点。但郑板桥说：“没有错啊，你以前生意兴隆，是因为‘心’有了这一点，而今生意衰落，正因为‘心’上少了一点。”李沙庚感悟，才知道经营人心的重要。从此以后，他痛改前非，终于再次赢得了人心，赢得了市场。

生活是个大舞台，每一个人都在扮演着不同的角色，又在不停地变换着角色，各个角色之间时刻都在进行着各式各样的交往。有好的人缘可以让你活得轻松自在、潇洒自如，为你塑造一个完美的人生。如果你是一个有心的人，是一个懂得用心的人，那么你就应该注意与周围的人保持良好的人际关系。

好的人缘既可以为你赢来更多的支持，也可以把很多关系进行微妙的转化。比如，当你与客户建立起朋友关系时，你就会更多地为他着想，这时，你的服务态度、服务理念都会发生根本的变化。而客户之于你，也是如此。当他们把你当成朋友时，也会尽力促成彼此更多的合作，这就形成了一种良性的互动。而且，你们还会为彼此介绍更多的朋友，因而可以扩展人际关系，争取更多成功的机会。

从来没有一个人的成就是单打独斗的结果，如果没有强大的人际资源，个人能力再强也只有“望梦想兴叹”的份儿。可以说，一个人事业上的成功，几乎有80%靠的是人际关系，但如何打造属于自己的人际关系，就需要我们认真思考了。

大多数人都只是生活在一个既定的圈子内。如果你接触的是同一群人，你的成长是有限的。如果你将自己限制在很小的社团内，就只会让自己觉得枯燥乏味、沉闷寂寞。所以，应多结交朋友，多参加社区活动，扩大自己的社交圈，让自己结交到各个阶层的朋友，这样，不但会使你的生活多姿多彩，而且

能扩大你的视野，增长你的见识。

如果你能够不断扩大自己的生活圈子，你的交友层次就会不断提升。如果你能够勇于尝试新的事物，你就能突破内心种种的困难和障碍。由此，你就可以借助好人缘扩大自己的生活圈子，获得更大的空间和更大的成功。

精神氮泵

只有愿意帮助别人的人，人们才喜欢他。同时，当他遇到困难的时候，帮助他的人也会很多。

小事不做，大事难成

“1965 年，我在西雅图景岭学校图书馆担任管理员。一天，一位同事推荐一个四年级学生来图书馆帮忙，并说这个孩子聪颖好学。不久，一个瘦小的男孩来了，我先给他讲了图书分类法，然后让他把已归还图书馆却放错了位置的图书放回原处。小男孩儿问：‘像是当侦探吗？’我回答：‘那当然。’接着，男孩儿不遗余力地在书架的迷宫中穿来插去，休息时，他已找出了三本放错地方的图书。第二天他来得更早，而且更不遗余力。干完一天的活儿后，他正式请求我让他担任图书管理员。又过了两个星期，他突然邀请我去他家做客。吃晚餐时，孩子母亲告诉我他们要搬家了，到附近一个住宅区。孩子听说要转校却担心起来：‘我走了，谁来整理那些站错队的书呢？’

“我一直记挂着这个孩子，结果没过多久，他又在我的图书馆门口出现了，并欣喜地告诉我，那边的图书馆不让学生干，妈妈把他转回我们这边来上学，由他爸爸开车接送。‘如果爸爸不带我，我就走路来。’其实，我当时心里便有数，这小家伙决心如此坚定，又能为人着想，天下无他不可为之事。不过，我可没想到他会成为信息时代的天才、微软电脑公司大亨、美国巨富——比尔·盖茨。”

这是卡菲瑞回忆起比尔·盖茨小时候的故事时写下的文字。

从中我们可以看出，许多伟大或杰出的人物身上，总会或早或迟地显现出优于常人的地方。比尔·盖茨在对待图书馆工作这样的小事上，就已经表现出一种超乎同龄人的责任心。暂且不去谈论影响比尔·盖茨成功的其他因素，单就他从小就显示出来的做事态度，我们就能窥见他获得人生成就的端倪。

一个不愿意做小事的人，很难成就一番大事业。有些人觉得自己可以做一番惊天动地的大事业，那些琐细小事不应该去理会，而且连替自己开脱的理由也显得理直气壮：“成大事者不拘小节”。但是，这些人似乎忘了一点，聚沙成塔、积水成渊，很多叱咤风云的人物，当年都是从简单的小事开始做起的。

在第二次世界大战中，有一条船在苏格兰附近沉没，沉没的原因是鱼雷袭击还是触礁，一直没有结论。罗斯福认为触礁的可能性更大，为了支持这种立论，他滔滔不绝地背诵出了当地海岸涨潮的具体高度以及礁石在水下的确切深度和位置，这一行为令许多人暗中折服。罗斯福总是能够记得住每一件在我们看来是小事的事情。他曾经表演过这样的绝活儿：他叫客人在一张只有符号标志而没有说明文字的美国地图上随意画一条线，他能够按顺序说出这条线上有哪几个县。

在公众的眼中，这个关注小事的人，必定是一个能时刻将民众和国家的利益装在心里的人。人们可能不会去关心一个国家未来发展的宏伟规划，但他们会注意到一个国家的代言人是否在细节和小事上下功夫。试想，总统连全国每个县的县名和

地理位置、不为人知的建议乃至白宫草坪上的蟋蟀都注意到了，还有什么东西会落在总统的视野之外呢？

老子将治理国家比作烹调小鱼，只有调味、火候适中，不急躁，不盲动，煮出的东西才能色鲜味美。如果火候不对，调味不好，或者心里烦躁，下锅后急于翻动，那么最后煮出的东西肯定是一团糟，色、香、味都没有了。所以，细微之处方见真功夫。

精神氮泵

为求全必须委屈，为成功必须忍耐。

真正的圣人都不乏赤子之心

清洁工每天早上都要清理人们制造的垃圾，如果这些垃圾得不到及时清理，就会污染生存的环境。但有形的垃圾很容易清理，而人们内心的烦恼、欲望、忧愁、痛苦等无形的垃圾却不那么容易清理掉。因为，这些垃圾常被人们忽视，或者由于种种原因我们不愿意去清扫。譬如，太忙、太累的生活让人失去了清理自己内心垃圾的愿望，或者担心扫完之后，必须面对一个未知的明天，而很多人又不确定哪些是自己想要的，万一现在丢掉了，将来想要时又捡不回来，怎么办？

实际上，我们的生活、所有的努力无非是为了两个字：快乐。什么人是最快乐的呢？没有患得患失的惊恐，没有焦躁疑虑的烦扰，什么人呢？一定是孩子。世界上最快乐的就是不谙世事的孩子，因为不染尘世的名利纷争，所以也就可以以一颗单纯的童心一直快乐下去。所以，有人说，“真正的圣人并不是消极避世的，而是积极入世，却又不失一颗赤子之心。用一句简单的话来说：他们成熟而又单纯。”这样的生活态度，是一种返璞归真的甘甜，是这个纷繁复杂的世界中，清除心灵垃圾的最好途径。

有一个关于建筑的故事：一个皇帝想要整修城里的一座寺庙，于是他派人去找技艺高超的设计师，希望能够将寺庙整修得美丽而又庄严。不久，有两组人员被找来了，其中一组是京城里很有名的工匠与画师，另外一组是几个和尚。皇帝不知道到底哪一组人员的手艺比较好，就决定比较一下。他要求这两组人员各自去整修一座小寺庙，而这两个组恰好是面对面地进行整修。三天之后，皇帝来验收成果。

工匠们向皇帝要了一百多种颜色的漆料，又要了很多工具，而和尚们居然只要了一些抹布与水桶等简单的清洁用具。三天之后，皇帝来验收。他首先看了工匠们所装饰的寺庙，工匠们敲锣打鼓地庆祝工程的完成，他们用了非常多的颜料，以非常精巧的手艺把寺庙装饰得五颜六色。皇帝满意地点点头，接着他去看和尚们负责整修的寺庙，他看了一眼就愣住了。

和尚们所整修的寺庙没有涂上任何颜料，他们只是把所有的墙壁、桌椅、窗户等都擦拭得非常干净，寺庙中所有的物品都显出了它们原来的颜色，而它们光亮的表面就像镜子一般，反射出美丽的色彩。天边多变的云彩、随风摇曳的树影，甚至是对面五颜六色的寺庙，都变成了这个寺庙美丽色彩的一部分，而这座寺庙只是宁静地接受这一切。皇帝被这庄严的寺庙深深地感动了。

李白有诗云：清水出芙蓉，天然去雕饰。如果一个人去除了机心，还生活本来的面目，不刻意追求什么，他就能像李白诗中所描述的出水的芙蓉一样，美丽、洁白而无瑕。故事中的和尚们正是以这样的道理来工作、生活。他们将一切还原成本来的面目，以洁净之心映衬出了尘世的一切绚烂。就像那些我们所羡慕的拥有大智慧的人一样，他们总是会表现出自己天真烂漫的情怀来。

很多人看似很聪明，喜欢动心思去算计周围的人和事，却常常忘记了那句老话“聪明反被聪明误”。在使用技巧的过程中，人们难免出差错，毕竟谁都有考虑不周的时候，所以才会有“机关算尽太聪明，反误了卿卿性命”这样的话。而一个人若想拥有真正幸福、快乐的人生，就应该去除机心，而以平和的心态面对生活的点滴。

现代著名作家梁实秋曾说，年轻的时候，我们都有过怪黄莺成对儿、怨粉蝶儿成双的日子。但是，等到岁月渐渐流去，人的心就会慢慢变硬，像一颗被煮熟的鸡蛋。如果一个人在经历了沧海桑田的变迁后，仍然能够不失赤子之心，那么他便是真正的诗人，是真正诗意地栖居的人。

精神氮泵

真正的圣人常常成熟而又单纯。

匍匐在地才不会摔倒

常常有人觉得很委屈，能力强、做事稳、功劳大，可大家却偏偏好像看不到一样，对此没有给予什么特别的关注。其实，一个人的能力、功劳，大家并不是看不到，只是都放在心里不说而已。如果一个人的能耐确实高于别人，而他自己又过分表现自己的话，就会让别人产生逆反心理，别人或许会因此说："有什么大不了的。"相反，如果一个人保持低姿态，那么别人不仅会觉得他有能耐，还会觉得他为人谦逊。

主动趴下，匍匐前进是一种明智之举。然而主动趴下并不是因病倒下，匍匐前进并非趴着不动。你自己先倒下了，别人就无法再使你跌倒；匍匐前进看起来似乎速度太慢、太不痛快，缺乏英雄气概，但是能登上最高者，往往就是与地面贴得最紧的那个。

从古至今，不少人爱把"吾不如"颠倒过来，变成了"不如吾"。

三国时期的祢衡，初见曹操就把曹营的文武将官贬得一文不值，说："荀彧可使吊丧问疾，荀攸可使看坟守墓，程昱可使关门闭户，郭嘉可使白词念赋，张辽可使击鼓鸣金，许褚可使牧牛放马，乐进可使取状读诏，李典可使传书送檄，吕虔可使磨刀铸剑，满宠可使饮酒食糟，于禁可使负版筑墙，徐晃可使屠猪杀狗，夏侯惇称为‘完体将军’，曹子孝呼为‘要钱太守’，其余皆是衣架、饭囊、酒桶、肉袋耳！”

他把别人看成豆腐渣，并大言不惭地声称自己“天文地理，无一不通；三教九流，无所不晓。上可以致君为尧、舜，下可以配德于孔、颜，岂与俗子共论乎”！曹操自然没有收留这个目空四海的狂徒。他又去见刘表、黄祖，还是走一处骂一处，最后终于被黄祖砍掉了脑袋，为后人留下了笑柄。

世界上并没有十全十美的人，每个人都应该正确地认识自己，认识到自己的优势和劣势、长处和短处。只有自知的人，才懂得低调处世，才能获得一片广阔的天地，成就一份完美的事业。低调处世、低调做人，既是一种姿态，更是一种风度、一种境界、一种胸襟。

匍匐在地的人才不会摔倒。

但是，很多人喜欢那种被抬高的感觉，那是一种自我膨胀的结果。被人欣赏、被人膜拜，会给我们的虚荣心带来巨大的满足感。当我们抬起脚来，或者踩着高跷的时候，我们会怎么样呢？往往左右摇摆，而且很容易摔倒，因为我们的重心不稳。所以，我们才说：“一个人越是贴近大地，就越能体会到天空的广阔。”一个人真正踏实下来之后，会有一种朴实的快乐。这种快乐沉稳、安详、内敛，是一种智慧填满心灵的快乐。这个时候，人们的状态不是骄傲、不是趾高气扬，而是平静、随和、谦卑。

一个人如果愿意以匍匐在地的姿态面对世界，以跪拜虔诚之心尊敬他人，他便不会觉得自己不可一世。他的心中弥漫的是祥和、安宁，他周围的人也不会再与他为敌，心生戒备。没有了明争暗斗，没有了钩心斗角，便不再会有兵戎相见的纷争。

精神氮泵

匍匐在地至少有一个好处：我们不会因为重心太高，而令自己摔倒。

第五章

财富等身，但别压身

很多事情到了最高境界，并不是浓烈的、炙热的，而是清凉的、熨帖的、舒适的。对待财富也是一样的道理，取之有道，用之有道，我们才不会在金山银山里迷失自我。

我们在灯光里数钱，灯光数着我们的流年

有的人富可敌国却愁眉紧锁，有的人浪迹天涯却快快乐乐。“功名利禄四道墙，人人翻滚跑得忙；若是你能看得穿，一生快活不嫌长。”

一位母亲让孩子拿着一个大碗去买酱油。孩子来到商店，付给卖酱油的人两角钱，酱油装满了碗，可是提袋里还剩了一些。卖酱油的人问这个孩子：“孩子，剩下的这一点儿酱油往哪儿倒？”“请您往碗底倒吧！”说着，他把装满酱油的碗倒过来，用碗底装回剩下的酱油。碗里的酱油全洒在了地上，可他

全然不顾，捧着碗底的那一点儿酱油回家了。

实际上，很多人都像那个孩子一样，自作聪明地企图把碗的全部空间都用上，期望可以把酱油全部拿回家，最后却因小失大。如果一味贪多，我们会失去许多弥足珍贵的东西。

上面那个孩子的故事其实并没有结束：

孩子端着一碗底的酱油回到家里，母亲问道："孩子，两角钱就买这么点儿酱油吗？"他很得意地说："碗里装不下，我把剩下的装碗底了，这里面还有呢！"说着，孩子把碗翻过来，于是碗底的那一点儿酱油也洒光了。

很多人听完这个故事都会莞尔一笑，觉得这个孩子实在太傻了，不懂得舍弃碗底的那一点儿酱油，追来逐去，结果什么都没有得到。实际上，有很多成年人因为对财富的孜孜渴求，从而丧失了自己生命中许多宝贵的东西。

诗人吴再有一首诗，叫《数数》，全诗只有两行：

世人在灯光下数着钱，

灯光在数着世人的皱纹。

初读的时候，我们会觉得这首诗非常有意思，好像是我们和灯光做着一场游戏。可是，再读时，我们就会觉出一些悲凉。这不是灯光与我们的对垒，而是时光与我们的博弈。当我们只顾埋头赶路的时候，当我们像小孩子一样，只想把更多的酱油、更多的声望、更多的财富放进我们碗里的时候，我们也在不经意间翻转了自己手里的碗。

我们在疲于奔忙间放弃了健康、舍弃了情趣，甚至懒于和家人说话，懒于和朋友聚餐，我们的世界都被那一小撮“酱油”所吸引。同时，我们还振振有词地辩论：“自己正是为了生活的改善才发生了改变。”可是，当我们在灯光下数钱的时候，灯光却数着我们的白发与皱纹。时间看着我们渐渐老去，灯光见证了我们被物质世界所奴役的过程。

人生最重要的是生命的质量，我们应该在灯光下反思时光的无常，善待宝贵的生命。生命的质量是一种厚度，它不在于生命的长短，不在于拥有多少物质财富，而在于我们以怎样的心态来看待生活，在于我们如何用有限的生命创造出更多有价值、有意义、有利于社会和他人的事业。

普通人所追求的生活，可能是住更大的房子、换更好的车子、有更多的票子。因此，人们一方面拼命赚钱，一方面放肆享受。对于未来的透支，我们便有了一个新名词：奴。从房奴、卡奴到电脑奴、手机奴，所有的分期付款、金钱预支的背

后，都有了一种精神的虚空与透支。21世纪的今天，我们早已走出奴隶社会，可我们的精神却正经受着新的一场奴役。人们在追求物质生活改变的同时，反而沦为物质的工具，这实在是一种莫大的讽刺。

人生在世，那些我们活着的时候舍不得易手的东西，等我们死去的时候也是带不走的。如果我们无限地追求物质，就不会感到满足，久而久之，还会产生一种无助的虚空感。

试着换一种心态生活，在灯光下，辅导孩子的功课，在帮助孩子获得知识的同时，也重温自己学生时代的快乐；在灯光下，打来一盆热水，为父母洗脚，为他们洗去半生的劳累；又或者，在灯光下，与朋友共品一杯香茗，读一段诗词，让那些感动人心的文字缓缓流入心田。借着一灯如豆的喜悦，好好回味我们的生活，五味杂陈的生活更值得我们关怀。

精神氮泵

我们应该在灯光下反思时光的无常，善待宝贵的生命。

不要做一只抓苹果的猴子

人们常常用这个方法来抓猴子：他们在装着苹果的椰子壳上穿一个孔，里面系一个死结，用绳子把它拴在树上就行了。这样，猴子拿不到苹果，又不肯松手，就等于被椰壳套牢了，人们很容易就把它们抓住了。从此以后，猴子就被铁链锁着，走街串巷、杂耍卖艺，在人们面前不断地翻着跟头乞食，永远地丧失了自由。

很多人在听到这个故事的时候，不由得惊出一身冷汗。是的，当我们明白，有时候自己手里握着的并不是自己喜欢吃的苹果，而是一条通往奴役之路的锁链时，我们必然会感到不寒而栗。其实不管是苹果或是其他什么，只要我们的手中没有东西了，我们的心里也就没有执着了，便不会被外物所累，不会失去自己的快乐与自由。

传说，在很久以前，有一个富翁，他背着许多金银财宝到远处去寻找快乐。他走过了千山万水，却始终找不到快乐，于是沮丧地坐在山道旁。这个时候，一位农夫背着一大捆柴草从山上走下来，他虽然满身大汗，但神色却怡然自得。富翁觉得很奇怪，连忙拦住他问道："你只是一个普通的农夫，而我却是个令人羡慕的富翁。可为什么你是如此快乐，我却没有半点儿快乐呢？"农夫放下沉甸甸的柴草，擦了擦汗水："快乐很简单，放下就是快乐！”

富翁顿时开悟：自己背负着那么重的珠宝，怕别人抢，怕别人偷，怕别人暗算，整天忧心忡忡，快乐又从何而来呢？于是，富翁在心里把“财富”的重担渐渐放下了，他将珠宝、钱财用来接济穷人。慈悲与良善滋润了他的心灵，当他看到自己可以帮助很多人的时候，当他看到别人因他的帮助而获得幸福的时候，他也尝到了快乐的味道。

放下就是快乐，这是多么简单的道理，但在人们对外物的依赖不断增强的时候，放下是何等艰难。“身外物，不奢恋”是思悟之后的清醒，也是超越世俗的大智大勇，更是放眼未来的豁达襟怀。想得开、放得下的人，才活得轻松，过得自在。

我们在做事的时候不要祈求暴富，不要总是希望一夜成名。我们要广种福田，让更多的人受益，这样才会有真正平和的社会环境、稳定的生活秩序。

有一个人中了4亿欧元的彩票，随后烦恼接踵而来：那些原来不常联系的亲戚朋友都开始登门拜访，小镇的镇长也找他

去做慈善。后来，各方面的压力和烦恼不断地袭来，弄得他焦躁不安、心神不宁。

这是很正常的情况，据说有人中了奖以后，并没有料到会有这么多烦恼，为了逃避现实竟然选择跳楼自杀。

其实，解决问题的方法很简单，那就是支出一些钱财，以获得内心的安宁。就像那只抓了苹果的猴子，舍弃的是一个苹果，可得到的是一生的自由与快乐。相比之下，哪个更重要呢？

精神氮泵

那只抓苹果的猴子，如果愿意舍弃一个苹果，它得到的将是一生的快乐与自由。

让心赢利，用心赢利

作家余华曾经在小说中说，中国用40年的时间，走完了西方400年的现代化历程。这句话足以说明几十年间中国社会的飞速发展。可是，经济也许可以实现跨越式发展，而文化与道德的冲击有时却未必是一件好事。

在商业大潮滚滚而来之际，各种外来文化也一并涌入，很多人在各种文化的冲击下，思想与感情都发生了很大的裂变。有的人唯利是图，将财富看得比什么都重要。在这种观念的指导下，一个诚实守信、守礼守法的人被许多人看作傻子、呆子、不懂变通的笨蛋，博弈论、诡计论也因此甚嚣尘上，获得颇多青睐。当人们的内心渐渐被这些所填满的时候，生命的绿地却变得荒芜。

于是，大都市中，写字间里，随处可见一些衣着光鲜、忙忙碌碌的白领精英。透过雪亮的玻璃窗，我们可以看到他们职业性的、礼貌性的微笑，却看不到他们开怀爽朗的笑容。

“赢利”这个字眼儿在我们看来并不陌生，可是，我们只知道柜台可以赢利、财物可以赢利，却从来没有听说过，心灵也可以赢利。那么，什么才是用心赢利呢？

简言之，就是在获得财富的同时，获得内心的宁静与喜悦。

有很多人，他们财富等身却不快乐。如果是一个内向的人，长久地压抑自己的真性情，很可能会形成抑郁症；如果是一个外向的人，积郁太多的苦闷在心中，就可能养成焦躁、狂暴的性格。这两种情况，无疑都是既不利于身体健康，也不利于心理健康的。有人认为信息时代就是一个竞争的时代，什么事情都应该去抢、去占有。但是，在我们的传统文化中，即便是利，也是儒雅的、含蓄的、内敛的。

孟子去见梁惠王，梁惠王问他："你大老远来给我带来什么好处啊？"孟子就说："大王何必言利呢？如果言利，天下最大的利莫过王土。"我们都知道，封建社会最大的利益就是占有全天下，如果大家都想争夺这个最大的利益，君王还能做得安稳吗？所以，孟子提出了仁义。

"仁"者二人也。什么叫二人？不是两个人，而是自己与他人的关系，也就是孔子所谓的"己所不欲，勿施于人"。在商业社会中，很多真正有道德的人都会秉持一种原则，比如违法的事情不做，违背良心的事情不做，违背公德的事情不做。这是善与恶的一个分界点。而"义"讲的是有所为有所不为的问题。孔子说："不义而富且贵，于我如浮云。"这句话的意思是："用不道义的手段得到的富贵，对我来说就如浮云一般。"正因为这种文化的支撑，所以古人讲"安贫乐道"，穷的时候不困苦，富的时候也不会骄奢，这是原则，也是撬起生命重量的强大支点。

我们获得财富时应该是快乐的，可如果我们为此而放弃自我的原则，背离生活的理想，那么这种牺牲就是不值得的、不

对等的，并且有辱生命的尊贵。

如果我们能够常怀一颗利他之心来处世，怀一颗淡定之心来看待世间财富，怀一颗超然之心来面对得失成败，那么，无论我们经历怎样的风雨、怎样的阴晴圆缺，财富都不会成为我们心灵的重担。

那时，我们就能明白，心灵的轻松与快乐才是人间最大的财富。

精神氮泵

心的赢利，才是我们在人间最宝贵的财富。

第六章

风吹哪页读哪页，惜缘随缘不攀缘

缘来缘去缘如水，这是所有人都明白的道理。然而，并不是所有明白这一道理的人都能做得到。缘分来了，有时候会胆怯；缘分走了，有时候会纠缠。其实，不懂珍惜、错失机缘和死缠烂打是一样的不明智，都无法恰如其分地把握好缘分。

惜缘不攀缘，所以随缘

有人说生命是种种缘分的合成，在必然与偶然的相互作用里碰撞出不同的机缘，也创造出不同的命运。人们常常说“天意弄人”，有时候我们越是挖空心思去追逐一样东西，越是不能如愿。而真正有智慧的人，却明白知足常乐、随遇而安的道理，就如下面故事中的禅师，懂得顺其自然，不属于自己的东西不去强求。

三伏天，某禅院的草地枯黄了一大片，“快撒些草籽吧，”

徒弟说，“别等天凉了。”师父挥挥手说：“随时。”中秋，师父买了一大包草籽，叫徒弟去播种，秋风疾起，草籽飘舞。“草籽被吹散了。”小和尚喊道。“随性，”师父说道，“吹去者多半中空，落下来也不会发芽。”撒完草籽，几只小鸟即来啄食，小和尚又急了。师父翻着经书说：“随遇。”半夜下了一场大雨，弟子冲进禅房：“这下完了，草籽被冲走了。”师父正在打坐，眼皮都没抬，说了一句：“随缘。”半个多月过去了，光秃秃的禅院长出青苗，一些未播种的院角也泛出绿意，徒弟高兴得直拍手。师父站在禅房前，点点头说：“随喜。”

在这个故事中，从预备撒草种到长出绿苗，徒弟的情绪都受到外在环境的影响，总是大起大落、患得患失。而师父却始终持一颗平常心，淡然地面对，在徒弟的狂喜与颓废间，以自己静默的态度，引起了人们的思考。

人生在世，应该“缘来则惜，缘变则随，缘去莫攀”。也就是说，缘分来的时候，我们不要听之任之、不理不顾，应该好好珍惜，好好把握，好好创造更多更好的善缘。缘分一旦发生了改变，我们就应该尽力化解自己的不满，慢慢理解，逐渐顺应，不要执拗地抓住不放，否则，自己痛苦，别人也痛苦。

比如，两个人谈恋爱，如果一方已经变心、不想在一起相处了，而另一方死死抓住不放，结果常常是两个人都很痛苦，不但得不到幸福，连周围的人也会被他们所牵连，愁苦不绝。所以，一旦缘分没有了，不如坦然地面对，淡然地接受，不要

去攀、去争、去夺。攀缘不但自己很累，别人看着也痛苦。

有时候，缘分就如生活中常见的情景一样，明明我们手里拿着东西，却仍四处找寻。一低头，却看见原来实实在在、清清楚楚的缘分就在我们手里、在我们坚实的脚下，这就是所谓的“踏破铁鞋无觅处，得来全不费功夫”吧！

据说，在迪士尼乐园刚建成时，沃尔特·迪士尼为园中道路的布局大伤脑筋，所有征集来的设计方案都不尽如人意。沃尔特·迪士尼无计可施，一气之下，命人把空地都植上草坪后就开始营业了。几个星期过后，迪士尼出国考察回来时，看到园中几条蜿蜒曲折的小径和所有游乐景点有机地结合在一起时，不觉大喜过望。他忙叫来负责此项工作的人，询问这个设计方案是出自哪位建筑大师的手笔。负责人听后哈哈笑道：“哪来的大师呀，这些小径都是被游人踩出来的！”

生命中的许多东西正如那些被无意中踩出来的小路一样，是无法强求的。那些刻意强求的东西，往往我们终生都得不到，而我们不曾期待的灿烂则会在淡泊从容中不期而至。

精神氮泵

缘来则惜，缘变则随，缘去莫攀。

没有过不去的事，只有过不去的心

生活中，我们常常会发现，那些始终怀有追求和梦想的人，到最后多半都实现了自己的梦想；那些对生活从来不抱任何希望的人，到最后常常是固守一方，只知抱怨，永远也无法改变自己的生活。有时候，决定人们成败的不是智商的差别，而是心灵的思考与行动的差距。

从前，在一片茫茫的沙漠中有一个小村子，村中的人们守着一片绿洲过了几千年。偶尔，当沙漠中风沙四起，或者绿洲干涸时，村里的人便会遭受巨大的折磨。一代又一代的人总是抱怨着上天的不公平，却从未尝试从这里走出去。他们一直留在原地，并且固执地相信这片沙漠是走不出去的。

有一天，村子里来了一位云游四方的僧人，人们围住他劝他不要再继续往前走，他们说："这片沙漠是走不出去的，我们祖祖辈辈都在这里，你就不要再去冒险了！"僧人问："你们在这里生活得幸福吗？"村民们说："虽然环境有些险恶，但是也没有什么不可忍受的。没有幸福，也没有不幸福。"僧人又问："那么你们有没有尝试走出这片沙漠呢？你们看，我不是走进来了吗？那就一定能走出去！"村民们反问："为什么要走出去呢？"僧人摇摇头，拄着拐杖上路了。三天三夜之后，他走出了村民们几千年也没有走出的沙漠。

世界上，也许没有过不去的事，只有过不去的心。换句话说，世界上很多事情并不是我们无法达成，而是在没有开始的时候，我们就先行放弃了。有时候，过不去的心表现为不去努力争取本来可以做到的事，而是随波逐流，空耗余生，就像上面故事中的村民们一样；有时候，过不去的心表现为不愿意放弃我们曾经拥有的东西，比如财富、爱情，从经济学的角度讲，也就是不愿意放下“沉没成本”。

在很久以前，有个书生和未婚妻约好，在某年某月某日结婚。可是到了那一天，未婚妻竟嫁给了别人。书生受此打击，一病不起。家人用尽各种办法都无能为力，只能无奈地看着他奄奄一息，行将远去。

这时，一个云游僧人路过此地。在得知情况后，僧人决定

点化一下书生。于是他来到书生的床前，从怀里摸出一面镜子让他看。书生看到茫茫大海，一名遇害的女子一丝不挂地躺在海滩上。路过一人，看一眼，摇摇头，离开了；又路过一人，看了看，将自己的衣服脱下来给女尸盖上，但是站了一会儿也离开了；又一位路人走来，挖下一个坑，小心翼翼地将尸体掩埋了。书生正在疑惑间，忽然看到画面切换：洞房花烛夜，自己的未婚妻被她的丈夫掀起盖头。书生不明所以，迷惑地望向僧人。

僧人解释说："海滩上的那具女尸，就是你未婚妻的前世，你是第二个路过的人，曾给过她一件衣服。她今生和你相恋，只为还你一个情。但她要报答一生一世的人，是最后那个把她掩埋的人，那个人就是她现在的丈夫。"书生大悟，唰地从床上坐起，病竟然痊愈了！

我们常说，"命里有时终须有，命里无时莫强求"，但事到临头，我们不是倒向"莫强求"的消极念头，就是倒向"不松手"的执着顽固。可尘世间的一切，都是无数因缘聚合而成，我们既要有追求的勇气，也要有懂得放手的睿智。只有这样，我们才能有一颗"得之我幸，失之我命"的平常心，也才能生出不被世俗牵绊的心，快快乐乐地过好幸福的生活。

精神氮泵

为人处世既要有追求的勇气，也要有懂得放手的睿智。

时间会给出一切答案

如果你去问一个懵懂无知的少年，世界上最可怕的是什么，他一定会说是逼他学习的老师或催他奋进的父母。可是，如果你去问一个风烛残年的老人，世界上最可怕的是什么，他多半会说是时间。

时间是这个世界上最公平、最无私、最绝情也最深情的东西。它的绝情在于，世间一切恩怨爱恨，几乎都可以随着它的流逝而被抚平。而它的深情也在于此，它让人们淡忘痴缠，让一切风轻云淡，如过眼云烟，而只留下淡淡的爱与哀愁常存心间。因此，人们对普希金的诗总是念念不忘，“而那过去了的，也终将成为亲切的怀恋”。

很久以前，一个小岛上住着快乐、悲哀、知识和爱以及其他各种情感。一天，情感们得知小岛快要下沉了，于是，大家都准备船只，离开小岛。只有爱留了下来，她想坚持到最后一刻。过了几天，小岛真的要下沉了，爱想请人帮忙。这时，富裕摇着一艘大船经过。爱说：“富裕，你能带我走吗？”富裕答道：“不，我的船上有许多金银财宝，没有你的位置。”爱看见虚荣在一艘华丽的小船上，说：“虚荣，帮帮我吧！”“我帮不了你，你全身都湿透了，会弄脏我这漂亮的小船。”悲哀过来了，爱向它求助：“悲哀，让我跟你走吧！”“哦……爱，我实在太悲哀了，想自己一个人待一会儿！”悲哀答道。快乐走过爱的身边，但是它太快乐了，竟然没有听见爱在叫它！

突然，一个声音传来：“过来！爱，我带你走。”这是一位长者。爱大喜过望，竟忘了问他的名字。登上陆地以后，长者独自走开了。爱对长者感激不尽，问另一位叫作知识的长者：“帮我的那个人是谁？”知识老人答道：“他是时间。”“时间？”爱问道，“为什么时间要帮我？”知识老人笑道：“因为只有时间，才能理解爱有多么伟大。”

人生就像天气一样，原本就是变幻莫测的，有晴有雨，有风有雾，无论谁的人生都不可能一帆风顺。况且，真正一帆风顺的人生，就像是没有颜色的画面，苍白枯燥。所以，年轻时，生命给予我们的是痛苦、欢乐、尝试、挫折、失败等种种复杂、绚烂的感情繁花。然而，等我们老了的时候，回过头看自己的人生，开心的、伤心的，也都成了过眼云烟。一路走来，我们难免会有许多辛酸的泪水、欢乐的笑声。而当一切成为过去后，除了美好的记忆与怀念，谁还记得曾经的痛苦与欢乐呢？如此说来，当我们爱一个人或恨一个人的时候，都不必急着去寻找答案。能够记得的，自然是回忆；记不住的，且让它随风飘逝吧。用吉祥上师的话来说：“把一切交给时间，时间会给出全部的答案。”

既然一切都会过去，我们又何必执着于眼前的不幸呢？

相传，有一天，禅师与苏东坡坐在船上把酒话禅，他们突然看到有人落水了！禅师马上跳入水中，把人救上岸来。被救的原来是一位少妇，禅师问她：“你年纪轻轻，为什么要寻短见呢？”“我刚结婚三年，丈夫就抛弃了我，孩子也死了，你说我活着还有什么意思？”禅师又问：“三年前你是怎么过的？”少妇说：“那时我无忧无虑、自由自在。”“那时你有丈夫和孩子吗？”“当然没有。”“那你不过是被命运送回到了三年前。现在你又可以无忧无虑、自由自在了。”少妇揉了揉眼睛，觉得自己的人生恍如一梦。她想了想，向禅师道过谢后便走了。

三年前，少妇是快乐的；三年中，她有了丈夫和孩子相伴，她也是幸福的；而三年后，失去了丈夫和孩子，她却陷入了痛苦的泥潭，不能自拔。三年前的快活犹在心中，却难以抵消三年后的苦恼。经禅师指点，才明白所谓得到与失去，不过是人生的一段经历。

人生就如善变的天气，阴晴不定，既有莫测的苦，又有多彩的乐。从生到死，就像一场风吹过，走过春夏，卷过秋冬；走过悲欢，卷过聚散；走过红尘遗恨，卷过世间恩情。人生如梦，多少事将付诸笑谈。想要看得开、忍得过、放得下，不妨把一切交给时间吧！

精神氮泵

时间是生命最公正的评判。

高位不傲慢，低位不怨尤

齐宣王与孟子谈治理国家、天下归心的大事，也谈与邻国的交往之道。齐宣王问孟子：“交邻国有道乎？”意即与邻国交往有什么好的策略吗。孟子回答说：“以大事小者，乐天者也；以小事大者，畏天者也。乐天者，保天下；畏天者，保其国。”南怀瑾解释说，这里孟子提出了两个原则，一是以大事小，这是仁者的风范，是顺应天地万物的乐天心理，不去欺负弱小，就可以使天下太平；一是以小事大，这是明智之举，顺从比自己强大的国家，就可以保护国家与臣民的安全。

国人一般都很推崇“治大国若烹小鲜”的智慧，所以这种治

国理念，在古人眼里只是大与小的简单关系。而“以大事小”和“以小事大”的关系，也适用于现代社会的人际交往。

人与人相处应该注意一点：居于上位的人，要体恤他人；处于下位的人，应该多体会上司的意图，尽量把事情办好。有位上师对此有一个非常精辟的说法，叫作“高处不傲慢，低处不怨尤”。意思是说，在上位的人，要谦虚宽和，切不可仗势欺人。要知道，人的一生不可能永远风光无限，繁华过后总会凋零。所以，在高位的时候，我们不能傲慢，而应该更加谦卑，以恭敬之心对待每一个人。

古代曾有一位将军，在撤退的时候始终走在队伍的后面。回到营地后大家都称赞他勇敢，他却说：“非勇也，马不进也。”他没有承认自己的勇敢，只是把自己的断后行为归结为马走得太慢。遇到这样的领导，人们是觉得他怯懦还是会更加钦佩他呢？当然是更加钦佩他了。这就是孟子所说的“以大事小”，也是所谓的高处不傲慢。

在现代社会，这一点尤为重要。如果你是一个上级，下属犯了错误，你可以指出来。但是，以什么态度来说，以什么方式来批评，是需要掌握火候和力度的。如果你是本着让下属成长、进步的心态来说，就一定会从下属的角度考虑他的能力、水平和付出，即使有不尽如人意的地方，你也能柔语相告。相反，如果你横加指责、毫不顾及他的情面，忽视他付出的努力，那么你说话的时候一定带有鄙夷与傲慢。这样无形中就在你们之间竖起了一道障碍，日积月累就会伤害彼此的感情。

有一天，当你不在高位时，或者你原来的下属站在了比你更高的位置上时，他对你的态度完全可以从今天你对他的态度中推断出来。所以，无论在怎样的角色与位置上，你都应该保持谦卑的态度，这样才能建立和谐的人际关系。

“低处不怨尤”的道理也是一样的。很多人虽然表面上服从上司的指挥，心里想的却是：“你只是运气好，要是我有这样的机会，坐在你的位置上，我不知道要比你强多少倍呢！”这样的想法一旦产生，无论怎么掩饰都会被人察觉。而且彼此之间的不信任一旦产生，心理上就会有隔阂，领导也不愿意再把重要的工作交给你，你也不愿意再看领导的脸色，久而久之，就会演变成“职场冷暴力”。在这种情况下，多半下属都会拎包走人，这是大家都不想看到的结果。所以，怨天尤人对于下属来说，是十分忌讳的事情。

如果对上对下都能守住本分，能够以谦卑的态度来善待彼此，那么人际关系的和谐也就很容易获得了。

精神氮泵

从心里生出敬畏、尊重远比表面的服从更能令人感到宽慰。

第七章

活出人生松弛感，在行进的路上看风景

生活的很多痛苦归根结底都是因为人们想得太多。我们为昨天而懊恼，为明天而担忧，却常常忽略了当下。如果能够好好地把握当下，放下对过去的遗憾和对未来的妄想，那么每一天都是幸福的假期。

把过去交给过去，把未来交给未来

“把过去交给过去，把未来交给未来。”这是对“活在当下”这一流行话题的最好诠释，也是开启智慧法门的一条捷径。

过去的就让它过去，当我们屏气凝神，细细品味生活的时候，内心就会变得非常宁静，在这份沉静中，我们的执着、妄念将会得到克制。闭目冥想，在千百万年的时间里，在永恒浩渺的宇宙中，每一个生命是如此细微、脆弱，不能改写过去和未来的命运，我们能够做的，只是沉静下来，把过去的时光交给过去，把未来的希望留给未来，把我们自己的心

灵留在当下，活在当下的每分每秒里。

其实，在时间的脉络中，我们唯一能够把握的只有现在。所以，不要牵挂过去，不要担心未来，要踏实于现在。

有人曾请教大师：“有形的东西一定会消失，那么世上会有永恒不变的真理吗？”大师回答：“山花开似锦，涧水湛如蓝。”如锦缎般盛开的鲜花，虽然转眼便会凋谢，但依然不停地奔放的溪水，虽然映照着同样蔚蓝如洗的天空，却每时每秒都在发生变化。

世界是美丽的，但所有的美丽似乎都会转瞬而逝。这也许会让人伤感，但生命的意义在于过程。时间像是一支离了弦、永不落地的箭，是单向的，不能回头，所以我们要把握住现在、今朝，认真地活在当下。能够抓住瞬间的美丽，就是一种收获。

从前，有个小和尚每天早上负责清扫寺庙院子里的落叶。清晨起床扫落叶实在是一件苦差事，尤其在秋冬之际，每一次起风时，树叶总随风飘落。每天早上，小和尚都需要花费许多时间才能清扫完树叶，这让他头痛不已。他一直想找个好办法让自己轻松些，后来，有个和尚跟他说：“你在明天打扫之前先用力摇树，把落叶统统摇下来，后天就可以不用扫落叶了。”小和尚觉得这是个好办法，于是隔天他起了个大早，使劲儿地摇树，觉得这样他就可以把今天跟明天的落叶一次扫干净了。那一整天，小和尚都非常开心。

可是第二天，小和尚到院子里一看，不禁傻眼了：院子里如往日一样落叶满地。这时老和尚走了过来，对小和尚说：“傻孩子，无论你今天怎么用力摇，明天的落叶还是会飘下来的。”小和尚终于明白了，世上有很多事是无法提前预支的，无论欢乐与愁苦，唯有认真地活在当下，才是最真实的人生态度。

明天的落叶，怎么能在今天全部扫干净呢？再勤奋的人也不能在今天处理完明天的事情，所以，不要预支明天的烦恼，认真地活在今天，比什么都重要！放下过去的烦恼，舍弃对未来的忧思，顺其自然，把全部精力用于眼前的这一刻，因为失去此刻便没有下一刻，不能珍惜今生也就无法向往未来。

曾有人问一位大师：“什么是活在当下？”回答：“吃饭就是

吃饭，睡觉就是睡觉，这就叫活在当下。”仔细想来，人生最重要的事情不就是我们现在做的事情吗？最重要的人不就是现在和我们在一起的人吗？而人生最重要的时间不就是现在吗？

那些张皇失措的观望、心无定数的期盼，不能给人们带来什么快乐，反倒是那些懂得路在脚下的人往往能够踏踏实实地走好每一步。

一位大师带着两个徒弟，提着一盏灯笼行走在夜色中。一阵风吹来，灯笼被吹灭了。徒弟担心地问：“师父，怎么办？”师父淡淡地说：“看脚下！”

当一切变得黑暗，后面的来路与前面的去路都看不见、摸不着的时候，我们要做的就是，看脚下，看今生！

精神氮泵

放下过去的烦恼，舍弃对未来的忧思，顺其自然，把全部精力用于眼前的这一刻。

最好的感恩就是珍惜当下

几乎每一个有大智慧的人都怀着一颗感恩之心，因为感恩，所以他们懂得善待；因为善待，所以他们懂得慈悲。感恩不是停留在嘴上，而是我们从当下去努力、去行动、去珍惜、去创造。唯其如此，我们的生活才能有更多更好的改变。最好的感恩是什么呢？就是珍惜当下。

珍惜眼前的一草一木、一花一树，也珍惜每一滴水、每一粒米。无论人与事，都以良好的心态看之，以乐观的方式

待之，这就是最好的感恩。

也许很多人都听说过，西方人喜欢在感恩节的晚餐桌前，表达对上帝的感谢，但你听说过有人感谢上帝没有把他变成一只火鸡吗？故事是这样的：

感恩节前，波士顿一家幼儿园的老师在课堂上给孩子们提了一个问题：“感恩节快到了，孩子们，你们可不可以告诉我，你们将要感谢什么呢？”老师让孩子们思考了一会儿，然后开始提问。

“琳达，你要感谢什么？”“我的妈妈每天很早起床给我做早饭，我想，我在感恩节那天一定要感谢她。”“嗯，不错。彼得，你呢？”“我的爸爸今年教会了我打棒球，所以我特别想感谢他。”“嗯，能打棒球了，很好！玛丽。”“无论是上学还是放学，学校的守门人总是微笑地看着我们来来往往。虽然她自己很孤单，没有多少人关心她，她却把关怀的微笑送给了我们。我要在感恩节那天送给她一束花。”“很好！杰克，轮到你了。”老师微笑地看着前排的小男孩儿。

“我们每年感恩节都要吃火鸡，大大的火鸡、肥肥的火鸡，大家都非常爱吃。他们只是大口大口地吃火鸡，却从不想一想火鸡是多么可怜。感恩节那天，会有多少只火鸡被杀掉呀……”“能不能简短一些？我觉得你跑题了，杰克。”杰克向四周望了一眼，开心地说：“我要感谢上帝没有让我变成一只火鸡。”

不知道这位老师对杰克的答案是否满意，但是读完这个故事后，我们是不是也该在心里由衷地感谢上帝没有让自己变成一只火鸡呢？

是的，快乐是如此简单，只要懂得感恩，抛下一切杂念，美好的事物就会触手可及。假如放下心中的抱怨和不满足，把生命中的每一段经历当作最后一次去珍惜，感谢生活赐予我们的一切，我们是不是会活得更加轻松、更加快乐呢？

早上起来，看到窗外的阳光，我们会感恩；吃一块面包，想到一餐一饭来之不易，我们会感恩；接到朋友的电话，感受到友谊的包围与温暖，我们会感恩；看到一只小鸟在树上唱歌，我们也会由衷地感恩；看到猫咪恬静地睡在床头，我们会感恩。然后我们的一天乃至一生，就在这感恩的心情中度过。如此，我们还有什么烦恼呢？

能够好好地珍惜当下，不正是对生命最好的感恩吗？每时每刻都以感恩之心幸福地生活，我们还有什么烦恼不能抛开呢？

精神氮泵

感恩不感伤。

从泥泞小路走向康庄大道

如果我们的一生忙忙碌碌，却没有经历过任何风雨，就如同走在干燥坚硬的路面上，什么痕迹也留不下。可是，如果我们愿意脚踩泥泞，一步一个脚印地走，就可以在世间留下属于我们自己的足迹。

我们应该了解，无论多么难走的道路，只有艰难走过之后，才能留下脚印，而只有留下脚印，才能在人们的心里踩出一条宽阔的大路。那些今天在世俗眼中功成名就的人，很多是由坎坷人生所成就的。

克林顿的童年很不幸，他出生前4个月，父亲死于一场车祸，母亲因无力养家，只好把出生不久的他托付给自己的父母抚养。童年的克林顿受到了外公和舅舅的深刻影响。他说，他从外公那里学会了忍耐和平等待人，从舅舅那里学到了说到做到的男子汉气概。不幸的是，他7岁时随母亲和继父迁往温泉城，双亲之间常因意见不合而发生激烈冲突。继父嗜酒成性，酒后经常虐待克林顿的母亲，小克林顿也经常遭其斥骂。这给从小就寄养在亲戚家的小克林顿的心灵蒙上了一层阴影。坎坷的童年生活，使克林顿形成了尽力表现自己、争取别人喜欢的性格。他在中学时代非常活跃，一直积极参与班级和学生会活动，并且有较强的组织和社会活动能力。

1963年的夏天，他在“中学模拟政府”的竞选中被选为参议员，应邀参观了首都华盛顿，这使他有机会看到“真正的政治”。参观白宫时，他得到了肯尼迪总统的接见，不但同他握了手，而且还合影留念。此次华盛顿之行是克林顿人生的转折点，他的理想由当牧师、音乐家、记者或教师转向了从政，梦想成为肯尼迪第二。有了目标和坚强的意志，克林顿此后30年的全部努力都紧紧地围绕这个目标。上大学时，他先读外交，后读法律——这些都是政治家必须具备的知识修养。离开学校后，他一步一个脚印：律师、议员、州长，最后终于成为总统。

每个人都希望在一个平和顺利的环境中成长，但上天似乎并不喜爱安逸的人们，它总是挑选出最杰出的人物，让他们在历经磨难、千锤百炼之后，最终百忍成金。有人说：“苦难是一所学校。”每一个渴望成功的人都需要到其中接受教育，只有历经风雨的洗礼，生命才能焕发夺目的光彩。

精神氮泵

未来并不是坦途，其中充满种种的坎坷与挫折。

中篇

走出心无力

第一章

心随境转是凡夫，境随心转是圣贤

心中有根，就能开花结果；心中有愿，就能成就事业；心中有理，就能走遍天下；心中有德，就能涵容万物；心中有佛，就能立处皆真。佛性就在自心，无须向外求索。自我观照，反求诸己，就能认识自己；自我更新，不断净化，就能控制自己；修一颗本心，在任何境遇下都坚守自我，就能活出精彩。

先学做人，才能幸福

很多人苦苦寻觅幸福，但佛陀告诉世人，做好自己，做好眼前的事，即得幸福。其实，要找到幸福，首先最应该做的不是念“阿弥陀佛”或空想，而是做好当下的事情，完成一个人在这世上应该做的事。只有把该做的事情做圆满了，才能体悟生活的道理，领悟人生的真谛。老老实实做人，踏踏实实做事。

有一位小和尚，一心求道，多年苦修参禅，但一直没有开悟。

有一天，他打听到深山中有一座古寺，住持是得道高僧。于是，小和尚打点行装，跋山涉水，历尽千辛万苦来到住持和尚面前，两人打起了机锋。

小和尚：“请问高僧，您得道之前，做什么？”

住持：“砍柴担水做饭。”

小和尚：“得道之后又做什么？”

住持：“砍柴担水做饭。”

小和尚哂笑：“何谓得道？”

住持：“我得道之前，砍柴时惦念着挑水，挑水时惦念着做饭，做饭时又想着砍柴；得道之后，砍柴即砍柴，担水即担水，

做饭即做饭，这就是得道。”

住持说，得道就是“砍柴即砍柴，担水即担水，做饭即做饭”，这真是一语道破禅机，认认真真地干好手中的每件事情便是得道。

一个人如果真的能够照此去做，不但可以使自己获得幸福，还能够造福社会，成为社会的有用之才。

精神氮泵

成功存在于生活的每个细节之中，成功要先学会做人。

踏踏实实，做真实的自己

“木末芙蓉花，山中发红萼。涧户寂无人，纷纷开且落。”这是王维的一首诗，名叫《辛夷坞》。这首诗写的是在辛夷坞这个幽深的山谷里，辛夷花自开自落，平淡得很，既没有生的喜悦，也没有死的悲哀。辛夷花得之于自然，又回归自然。它不需要赞美，也不需要人们对它的凋谢洒同情之泪，它把自己生命的美丽发挥到了极致。

我们常常会有这样的感觉，远处的风景都被笼罩在薄雾或尘埃之下，越是走近就越是朦胧；心里的念头被围困在重峦叠嶂之中，越是急于走出迷阵就越是辨不清方向。这是因为我们过多地执着于思维，而忽视了自性。有这样一个故事，教导我们认识自性。

一位富人有四位妻子：第一个妻子活泼可爱，在富人身边寸步不离；第二个妻子是富人抢来的，倾国倾城却不苟言笑；第三个妻子整天忙于打理富人的琐碎生活，把家中大小事务管理得井然有序；第四个妻子终日东奔西跑，富人甚至忘记了她的存在。

富人生病即将去世，他把四位妻子叫到床前，问她们：“平日里你们都说爱我，如今我就要死了，谁愿意陪我一起去阴间呢？”

第一个妻子说：“你自己去吧，以前一直都是我陪在你身

边，现在该换她们了。”

第二个妻子说：“我是迫于无奈才嫁你为妻的，活着的时候都不情愿，更不要说陪你赴死！”

第三个妻子说：“虽然我很爱你，但是我已经习惯了安逸稳定的生活，不愿意陪你去过餐风饮露、衣食无着的日子。”

富人非常伤心，他近乎绝望地看着第四个妻子。

第四个妻子说：“既然我是你的妻子，无论你到哪里我都会陪在你身边。”

富人心中一惊，既感动又愧疚地看着第四个妻子，含笑去世。

其实这位富人就是芸芸众生中的一位，四位妻子则代表每个人活着的时候所拥有的东西。第一位妻子指的是我们的肉体，生来不可剥离，死时却注定要分开；第二位妻子指的是我们的金钱，生不带来，死不带去；第三位妻子指的是我们的妻子，活着的时候相敬如宾、举案齐眉，死的时候仍然要分道扬镳；第四位妻子指的是我们的自性，人们常常忘记了它的存在，而它却永远陪伴着你。

每个人都有自性，也就是自己的本心，生而相随，死而相伴，不能抛却。然而，并不是所有人都能体察自性，于是很多人随波逐流，丧失了自我。我们常常需要他人的赞美才能前行，一旦受打击就会停滞不前。要做到像辛夷花一样平淡地自开自落并不容易，但如果明了自己的本心，并坚信执守，就不会被他人所左右。

我们无法改变别人的看法，但可以保持真实的自己。想要讨好每个人是愚蠢的，也没有必要，与其把精力花在别人身上，还不如用尽全力踏踏实实做人、兢兢业业做事。改变别人的看法是很难的，做好自己却是容易的，如果一个人能保持一颗笃定的本心，就能把生命的精彩发挥到极致。

精神氮泵

我们无法改变别人的看法，但可以保持真实的自己。

自省的力量

自省，就是自我反省、自我检查，自知己短，从而弥补短处、纠正过失。要改正错误，除了虚心接受他人意见之外，还要不忘时时观照己身。自省自悟，可以使人在不断的自我反省中达到水一样的境界，在至柔之中发挥至刚至净的威力，具有广阔的胸襟和气度。

“知人者智，自知者明。”观水自照，可知自身得失。人生在世，若能时刻自省，还有什么痛苦、烦恼是不能排遣、摆脱的呢？佛说：“大海不容死尸。”水性是至洁的，表面藏垢纳污，实质水净沙明，至净至刚，不为外物所染。

古代，一位官员被革职遣返，心中苦闷无处排解，便来到一位大师的法堂。

大师静静地听完了此人的倾诉，将他带入自己的房之中。大师指着桌上的一瓶水，微笑着对官员说：“你看这瓶水，它已经放置在这里许久了，每天都有尘埃、灰尘落在里面，但它依然澄清透明。你知道这是何故吗？”官员思索了良久，似有所悟：“所有的灰尘都沉淀到瓶底了。”

大师点了点头，说道：“世间烦恼之事数之不尽，有些事越想忘掉却越挥之不去，那就索性记住它好了。就像瓶中水，如果你不停地振荡它，就会使整瓶水都不得安宁，混浊一片；如果你愿意慢慢地、静静地让它们沉淀下来，用宽广的胸怀容纳它们，那么心灵不但并未因此受到污染，反而更加纯净。”官员恍然大悟。

观水学做人，时常自省，便能和光同尘，愈深邃愈安静；便能至柔而有骨，执着而穿石，以“天下之至柔，驰骋天下之至坚”。时常自省，便能灵活处世，不拘泥于形式，因时而变，因势而变，因器而变，因机而动，生机无限；时常自省，便能清澈透明，纤尘不染；时常自省，便能润泽万物，有容乃大，通达而广济天下，奉献而不图回报。

古人说：“以铜为镜，可以正衣冠；以史为镜，可以知兴替；以人为镜，可以明得失。”如果没有自省的态度，那么，即使明镜摆在面前，也是孰若无睹，何谈正衣冠、知兴替、明得失呢？

有一个村庄的人合伙偷得了一头牛，并将它宰杀后分食。失牛的人追踪到村子里，问村人：“我的牛在你们村庄里吗？”

偷牛的村人答：“我们没有村庄。”

失牛人问：“池边不是有棵树吗？”

村人答：“没有树。”

失牛的人又问：“你们是不是在村庄的东边偷的牛？”

村人仍旧回答：“没有‘东边’。”

失牛的人再问：“你们是不是在正午偷的牛？”

村人还是回答：“并没有‘正午’。”

于是，失牛的人说：“没有村庄，没有池塘，没有树还算合理，可是天底下怎会没有东边，没有正午呢？所以你们一直在说谎，牛一定是你们偷的。”

那些村人再也无法抵赖，只好承认。

这个故事比喻那些犯了戒条却极力隐藏、不肯自省忏悔、改过迁善的人，他们总是用一个谎言来掩盖另一个谎言，最终无法掩盖其罪。只有勇于承认自己的过失，恳切地发出忏悔，才能走上光明的大道。

人人都犯过错误，但很少有人能自

省，因为自省是一次自我解剖的痛苦过程，好比一个人拿起刀亲手割掉身上的毒瘤，需要巨大的勇气。认识到自己的错误或许不难，而用一颗坦诚的心面对它，却不是一件容易的事。懂得自省，是大智；敢于自省，则是大勇。割毒瘤可能会有难忍的疼痛，也会留下疤痕，却是根除病毒的唯一方法。只要“坦荡胸怀对日月”，心地光明磊落，自省的勇气就会倍增。

自省是道德完善的重要方法，是治愈错误的良药，它能给混沌的心灵带来一缕光芒。在我们迷路时，在掉进了罪恶的深渊时，在灵魂被扭曲时，在自以为是、沾沾自喜时，自省就像一道清泉，将思想里的浅薄、浮躁、消沉、自满、狂傲等污垢荡涤干净，重现清新、昂扬、雄浑和高雅，让生命重放异彩、生机勃勃。

心浮则不安，气躁则不平，心要是不平静安和，则意志恍惚不能专心致志，这样自省便归于无。一个真正有才华的人，是用一颗平静的心看待自己的人，能时刻察觉到自己的不足，这样的人才能通过不断的自省而趋于完善。

精神氤氲

时常自省，便能和光同尘，愈深邃愈安静。

第二章

心胸豁达，你将无所畏惧

心胸豁达开朗的人，凡事看得高远，不会被眼前得失所蒙蔽；心胸狭隘自私的人，处处与人计较，无法成大器。不计较小事，便能减少心灵上的负荷；不听人闲话，就能避免不必要的争端。懂得付出，不计较吃亏，才是富有的人生；锱铢必较，只知道索取，必是贫穷的人生。

让内心开满繁花

有语：“物随心转，境由心造，烦恼皆心生。”这是教世人不要将心境放在居住之环境，而要放在心地上。心地好，任何环境都好。心随境转，必然为境所累；境随心转，红尘闹市中也有安静书桌。人生像是一张白纸，色彩由每个人选择；人生又像是一杯白水，放入茶叶则涩，放入蜂蜜则甜，一切都在自己的掌握中。

月圆之夜，大师觉得自己快要归西了，便将三位弟子叫到身边说：“我这里有一枚铜钱，你们各自出去买一样东西来填满禅房吧。”有两个弟子领了钱出去了，第三个弟子却坐在禅师身边。

不一会儿，一个弟子回来了，对大师说：“师父，我买了十车干草，一定可以填满禅房了。”大师听后默然不语。

又过了一会儿，第二个弟子回来了。他什么也没说，只是从袖子里取出一支蜡烛，然后点亮。

第三个弟子此时站起身来，走到大师面前，将铜钱还给大师，说道：“师父，我的东西也买来了。”说完，他吹熄了第二个弟子的蜡烛，圆月的清辉洒满了房间，房中的每个人都沐浴在月光下。

房里寂静无声。良久，大师口念一声后，说：“干草填满了禅房却让禅房变得不洁而黑暗；烛光不值一文却能充盈暗室；月光令玉宇澄清，天地明朗，佛明四宇，佛明我心，月光即佛。不花一文而得我佛，实因心中有佛光。”

大师说完将袈裟披在第三个弟子身上，归西了。

我们活在世上，每一刻都有无限可能，每一刻都有无限美好，只要心中春风荡漾，哪一刻不是春意盎然？只要在心田栽下美丽的花朵，哪一刻不处在最美好的花季？烦恼、忧愁都是落于镜上的微尘，轻轻拂拭，心境便可光洁如新。

一天傍晚，一位学僧在寺庙的树下静坐，突然闻到一阵花香。这花香使他非常感动，从黄昏静坐到深夜还舍不得离开。

在这无边的宁静中，学僧的心也随花香飘动起来，想到了一些从未想过的问题：草木都是开花的时候才会香，有没有不开花就会香的草木呢？花朵送香都限制在一个短暂的因缘，有没有四季芬芳不败的花朵呢？花朵的香味飘得再远也有一个范围，有没有弥漫世界的香气呢？所有的花香都是顺风飘送，有没有在逆风中也能飘送的香呢？

学僧沉溺于这些问题中，接下来的几天都无法静心。

一天，学僧又坐在花香中出神，方丈走过他静坐的地方，就问他："你的心绪波动，到底是为了什么呢？"学僧就以自己苦思而难解的问题请教了方丈。

方丈开示说："守戒律的人，不一定要开花结果才有芬芳，拥有智慧之花，也会有芳香。有禅定的心，就不必在因缘里寻找芬芳，他的内心永远保持喜悦的花香。智慧开花的人，他的芬芳会弥漫整个世界，不会被时节范围所限制，即使在逆境里也可以散发人格的芬芳呀！"

学僧听了，垂手肃立，感动不已。

方丈和蔼地说："修行的人不只要闻花园的花香，也要在自己的内心开花。这样，不管他居住在城市或山林，所有的人都会闻到他的花香！”

人们每天都忙忙碌碌，各种各样的烦恼层出不穷：一个烦恼过去，下一个烦恼又来了。但是，不要将心灵装满无用的烦恼，应在心田种满美好的香花，当娇美的花朵填满我们的内心时，烦恼自然就被驱逐出境了。

“要试图放宽心量，包容世间的丑恶。人家赞美我，我心生欢喜心，但不为欢喜激动，也许这欢乐之后，便是悲伤；人家辱骂我，我不加辩白，让时间去考验对方……”这是劝诫世人不要太计较生活里的是是非非，坦然接受生活的悲喜苦乐。生活中时刻充满阳光，怎会有阴霾肆虐的机会？要学会发现生活中的美，享受生命的美好。

精神氮泵

倘若心内装满是非，即使身处花园，也闻不到花香。只有内心开满繁花，才能时刻被芬芳包围。

嫉妒别人，会遮住自己的幸福

嫉妒，是一种啃噬人心、让人欲罢不能的妖魔；是一种于人有害、于己无益的消极情绪。不论家世地位，不论出身背景，都躲不开嫉妒这种病毒的侵袭。

嫉妒的人总是拿别人的优点来折磨自己，无端生出许多怨恨。嫉妒是心灵的地狱，是笼罩在人生道路上的乌云，总是以恨人开始，以害己告终。

古时候，摩伽陀国有一位国王饲养了一群象。象群中，有一头象长得很特殊，全身白皙，皮毛柔细光滑。后来，国王将这头象交给一位驯象师照顾。这位驯象师不只照顾它的生活起居，还很用心地教它。这头白象十分聪明、善解人意，过了一

段时间之后，他们建立起良好的默契。

有一年，这个国家举行大庆典。国王打算骑白象去观礼，于是驯象师将白象清洗、装扮了一番，在它的背上披上一条白毯子后，交给国王。

国王在一些官员的陪同下，骑着白象进城看庆典。由于这头白象实在太漂亮了，民众都围拢过来，一边赞叹、一边高喊着："象王！象王！"骑在象背上的国王觉得所有的光彩都被这头白象抢走了，心里十分生气、嫉妒，不悦地返回王宫。

回到王宫，他问驯象师："这头白象，有没有什么特殊的技艺？"驯象师问国王："不知道国王指的是哪方面？"国王说："它能不能在悬崖边展现它的技艺呢？"驯象师说："应该可以。"国王说："好，明天就让它在波罗奈国和摩伽陀国相邻的悬崖上表演。"

隔天，驯象师依约把白象带到那处悬崖。国王就说："这头白象能以三只脚站立在悬崖边吗？"驯象师说："这简单。"他骑上象背，对白象说："来，用三只脚站立。"果然，白象立刻缩起一只脚。国王又说："它能两脚悬空，只用两脚站立吗？""可以。"驯象师叫白象缩起两脚，白象很听话地照做了。国王接着又说："它能不能三脚悬空，只用一脚站立？"

驯象师一听，明白国王存心要置白象于死地，就对白象说："你这次要小心一点，缩起三只脚，用一只脚站立。"白象也很谨慎地照做。围观的民众看了，热烈地为白象鼓掌、喝彩，国王心里妒火中烧，就对驯象师说：“它能把后脚也缩起，全身飞过悬崖吗？”

这时，驯象师悄悄地对白象说：“国王存心要你的命，我们在这里会很危险。你就腾空飞到对面的悬崖吧。”不可思议的是，这头白象竟然真的把后脚悬空飞起来，载着驯象师飞越悬崖，进入波罗奈国。

波罗奈国的人民看到白象飞来，全城都欢呼起来。波罗奈国王很高兴地问驯象师：“你从哪儿来？为何会骑着白象来到我的国家？”驯象师便将经过一一告诉国王。国王听完之后，叹道：“人的心胸为什么连一头象都容纳不下呢？”

嫉妒是一种危险的情绪，它源于人对卓越的渴望与心胸的狭窄。嫉妒可以使天才落入流言、恶意编织成的网中被绞杀，也可能令智者陷入个人与他人利益的冲撞中寻不到出路。它不但损害他人，也伤害自己。

产生了嫉妒心理并不可怕，关键要看你能不能正视嫉妒，并将其转化为自己的动力。与其让嫉妒啃噬自己的内心，不如将嫉妒之情升华，把嫉妒转化为动力，化消极为积极。

精神氮泵

嫉妒是心灵的地狱，与其让嫉妒啃噬自己的内心，不如将嫉妒之情升华，把嫉妒转化为动力。

若能一切随他去，便是世间自在人

有两句诗说“千江有水千江月，万里无云万里天”。

天上的月亮只有一个，照到地上的千万条江河，每条河里都有一个月亮的影子，就是“千江有水千江月”。万里晴空，如果没有一点儿云，整个天空，将处处都是无际的晴天，即“万里无云万里天”。

水是水，月是月。月光照耀下，水中有了月。只是水中的月不是月，只是水的幻象；月在水中，只是水的反射罢了。

唐代朗州太守李翱非常向往大师的德行，一天，他特地去参谒，恰巧遇到大师在山边树下看经。虽知太守来，大师仍无起迎之意，侍者在旁提示，大师仍然专注于经卷上。

李太守看大师这种不理睬的态度，忍不住怒声斥道：“见面不如闻名！”说完便拂袖欲去，大师冷冷说道：“太守何得贵耳贱目？”

短短一句话，李太守为之所动，乃转身拱手致歉，问：“如何是道？”

大师说：“云在青天水在瓶！”

太守听了，欣然作礼，大师随述偈曰：“练得身形似鹤形，千株松下两函经；我来问道无余说，云在青天水在瓶。”

李翱顿悟，下山后随即解甲归田，隐居山林。

大师形象地点出了修道的境界——“云在青天水在瓶。”天上的云在飘，水在瓶子里，摆在桌上，一个那么高远，一个那么浅近，这是一种自在的境界。天上的云，瓶里的水，它们有一个共同的特点，那就是拥有纯净的颜色。

而身处世界的人们，很多时候都失掉了云朵本来的纯净之色和清水本来的纯净。世界虽然混有多种杂乱的颜色，但无论童颜之时，还是鹤发之龄，都应该保持一颗开阔无界的心。

修行达到了“云在青天水在瓶”的境界，人生的境界就开阔了。一花一世界，一叶一菩提。我们在岁月的枯荣中体会生命的短促、人世的无常，自然界一草一木的凋零与成长都是最直接的提醒，它教育我们，怀平常心看淡尘世喧嚣，也敦促我们，怀感恩心珍惜生命的一切馈赠。

睿智的人懂得手持一盏心灯行走于世。这盏灯如太阳，可以照破黑暗；如良田，可以滋养善根；如明镜，可以洞悉万象；如大海，可以容纳百川。灯光点亮人心，照亮远方的道路。

宋代茶陵郁曾有一首悟道诗：“我有明珠一颗，久被尘劳关锁。今朝尘世光生，照破山河万朵。”做一个宽心的人，点燃一炷心香，凡事不挂心，才能在人世间无碍行走。

精神氮泵

做一个宽心的人，点燃一炷心香，凡事不挂心，才能在人世间无碍行走。

第三章

人心如江海，宽时水波平

幸运，总是垂青于勇敢的人；福报，总是降临于厚道的人。心存厚道，便是多讲人好，多留情面。目中有人，得到的助缘就多，口中有德，得到的福报也多。不说是非为厚道，以言语讥人，取祸之大端；以度量容人，集福之要术。人生真正的智慧是宽厚，世间最能打动人心的，正是一颗宽厚之心。

云散因为风吹，美好因为宽容

“但求世上人无病，何妨架上药生尘。”在以前的药铺里常常可以看到这样一副对联，其中包含的悲天悯人、宽厚无私的情怀很让人感动。曾有云：“世人无数，可分三品：时常损人利己者，心灵落满灰尘，眼中多有丑恶，此乃人中下品；偶尔损人利己，心灵稍有微尘，恰似白璧微瑕，不掩其辉，此乃人中中品；终生不损人利己者，心如明镜，纯净洁白，为世人所敬，此乃人中上品。人心本是水晶之体，容不得半点儿尘埃。”人世间最宝贵的不是金银财宝，也不是名声权力，而是拥有一颗宽厚无私、品行高尚的心，那是纵有千金也不能买到的稀世珍品，那是做一个人中上品所必需的。

纷纭世间，人人为利来、为利往，人心在利益的驱使下，很容易变得狡猾奸诈。但世上最能够打动人的是一颗宽厚无私的善良之心。宽厚就是以诚待人、大度宽容，就是谦逊厚道、为人造福。厚道的人懂得以宽厚对待他人，懂得以心换心，甚至不惜损己利人。

传说佛陀曾经现身为象王，长有六颗象牙。

有一次，一个猎人见到象王，顿时对那六颗象牙起了贪念，于是张弓搭箭，向象王射去。象王中箭之后，四周的象群闻声赶来。象王见状，立刻用长长的鼻子护住猎人，不让象群伤害他。象群一阵骚动，对象王出人意料的举动表示不解。

象王对群象说：“我发心行菩萨道，就要有透彻的大爱；即使受到伤害，也要以宽大的心量来包容，怎能对人起嗔心呢？”

说完，象王问猎人为什么要用箭射它。

猎人说：“因为我想要你的象牙。”

象王听完这句话后，立刻在石头上将六颗象牙撞断，然后尽数送给猎人。

猎人顿时被象王的宽厚打动，受到感化，从此不再打猎。不仅如此，他还以自己的亲身经历说服了其他的猎人，与他们一起保护山林中的象群。

佛陀化身的象王为了猎人的私欲，不惜自断象牙，这种牺牲自己成全别人的行为超越了宽厚的境界。象王并没有白白付出，它用自己的宽厚感化了猎人，最终也保护了整个象群。以厚道之心待人，尽管可能会有所牺牲，但最后必将得到回报。

生活中，我们常常听人说“这个人福气好”“这人有厚福”，有些人一眼看上去就很有福相。古人说“相由心生”，一个以厚道之心待人处世的人，往往面有福相；一个心胸狭窄的人，面相上也会福薄。我们都羡慕有福气的人，却不知道厚福并不是天生的，而是因厚道所得的福分。

宽厚是一种净化。手捧着鲜花送给别人时，最先闻到香味的是我们自己，与“送人玫瑰，手留余香”是一个道理；如果抓起泥巴扔向别人，那么首先被弄脏的也是我们自己的手。拥有一颗宽厚无私和善良的心，不仅能够化解本来的怨恨、冤仇，还能让生命中时时充满温暖和爱。

精神氮泵

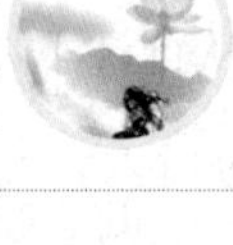

厚福并不是天生的，而是因厚道所得的福分。

春风化雨，宽以待人

生活中，如果希望别人怎样对待我们，我们就先要怎样对待别人，这是个简单的、永恒的真理。

与人为善，这是一种莫大的智慧，唯拥有善待别人的宽厚之心，别人才会以同样的善意回报我们。

有句话说得好："幸福并不取决于你拥有的财富、权力和容貌，而取决于你和周围人的关系。"因此，在与他人相处的时候，我们一定要懂得善待他人。

人际关系和谐与否，对我们每个人的生活、工作乃至成长进步都有着重要影响。

宽容、友好的人际关系，如春风化雨，令人愉悦。而敌视、冷漠的人际关系则如同阴霾密布的寒冬，使人压抑，甚至不寒而栗。

一个人若不懂得与人为善，为人傲慢，不尊重身边的人，就必然会与他人发生冲突。

有一天一位画师朋友来到寺里找大师，聊天中大师了解到，画师收了一名徒弟，却不把这位初学作画的学生看在眼里，指导作画时也漫不经心。终有一天，徒弟被画师的行为惹怒，与画师发生了冲突。画师心中不快，所以来找大师解闷儿。

大师没有多说什么，只是问："你是学画之人，我想请教你一个问题。”

“大师请说。”

“你站在山上画一个山下的人和你站在山下画一个山上的人，哪个大，哪个小？”

画师想了想说：“自然是一样大小。”

大师点点头，只说“这便是了”，便不再言语。

画师不懂，但见大师没有继续深谈的意思，也只好作罢。

几年过去了，有一天，这位画师拿了一幅画来找大师，画上画的是山上山下两个人在对话。大师看了以后说：“你明白了？”

画师说：“明白了。我那徒弟在我那次来找你之后便离开了。这几年他功成名就，小有名气，这画便是他画的。”

在山上看山下的人，与在山下看山上的人都是一样的大小。大师的话机锋尽显，意在告诉画师，人生而平等，我们如何看他人，他人便如何看我们。只有与人为善，才能得到别人的尊重，因此，善待他人便是善待自己。这是我们在人生中必须遵守的一条基本准则。

当今社会中，人与人之间有着一定的互动关系，只有我们首先善待别人、善意地帮助别人，才能处理好复杂的人际关系，从而获得与他人的愉快合作。

然而，在人际交往中，难免会因为各个方面的差异而产生一些摩擦，摩擦一旦生热，便会产生火花。这火花是会演变成熊熊大火，还是会瞬间熄灭，就看我们是否拥有一颗善待他人的心。

与他人真诚交往，不是强颜欢笑、虚情假意地与对方寒暄，也不是面无表情、横眉冷对地冷言冷语，而是发自内心地与他人交流沟通，善意地接受他人，用一颗厚道的心，真诚地对他人。

善待他人，可以从微笑开始，微笑是人与人之间理解的纽带，它能化解一切冷漠与误会。善待他人，可以从善待身边的人开始，认识的、不认识的，熟悉的、陌生的，有过节儿的、莫逆之交……

精神氮泵

径行窄处，留一步与人行；滋味浓时，减三分让人尝。

留三分余地，换十足人生

在待人接物时要时刻自谦，懂得退让。在生活和工作中，人们会遇到各种各样的人，要与各种各样的人相交相处。在与人交往的过程中，难免会出现磕磕碰碰，产生各种各样的问题。有人说：“只要有人的地方，就会有争斗。”若想与他人和平相处，就要懂得适时退让。

在原则范围内，偶尔吃亏，偶尔退让，既是一种包容的胸怀，也是一种友好的信号。若太过计较，那双方都将陷入泥潭而难以挣脱。

人非圣贤，孰能无过？每个人在遇到窘困时都希望得到他人的谅解，希望对方不咄咄逼人；同理，在他人遇窘时，我们也应该得饶人处且饶人。

因为生活不是平坦大道，处世应如古人云：“径行窄处，留一步与人行；滋味浓时，减三分让人尝。”说的就是为人处世要懂得给他人留余地。

有位法师身相圆满，有个如同弥勒佛一般的大肚子。法师说，他的肚子之所以大有一段因缘。

原来，这位法师曾经是个瘦小的人。有一次他上厕所时忘记带手纸，正好茶房头儿也在旁边如厕，法师便向他借手纸。这位茶房头儿却将用过的手纸递给了法师，弄得法师满手污秽。

有一天，法师搬房间，茶房头儿来帮忙时顺手拿走了他的60个银圆，但法师没有揭穿他。因为他明白，人的名誉一旦坏了，再建立就很难了。在茶房头走时，法师又给了茶房头儿15个银圆。后来，寺里的人见茶房头儿一下富了起来，便开始起疑，茶房头儿推说是法师送他的银圆，法师只是沉默。

"从此以后，"法师说，"我的肚子就大起来了，这大大的肚子代表了我的福气。"

无论茶房头儿最终如何，但法师给了他回头的机会。"怨亲平等"，给他人留一条路，自己也就有了余地。人生有相逢，但心无隔宿之仇，在人际交往中结怨不如结缘。这是一种智慧。

要知道，给他人留条路，既是对别人的尊重，也能让自己得到善果。

只有当一个人懂得为他人留余地的时候，他的人际关系才会更加和谐，充满温情。假如能做到遇事往好处想，多感念别人的恩德，即使被人冒犯也不计较，那么别人自然会被我们的诚意感动，进而回报以真诚；假如遇事总往坏处想，以敌视的眼光看待别人，即使别人无意冒犯也耿耿于怀，甚至伺机进行报复，那么，即使别人本无敌意，最终也会被我们的狭隘心推到对立面上。

在为人处世中，留三分余地给别人，就是留三分余地给自己。人与人的交往是缘分，不必计较太多，也不必苛求对方尽善尽美，多一些宽容和体谅，得饶人处且饶人，那么，彼此之间一切的不愉快都会迎刃而解。

如果总是把自己当成珍珠，那么就时时遇到被埋没的危险；如果不把自己太当回事，坦诚平淡地生活着，也没有人会把你看成是卑微、懦弱和无能。只有这样，才能不断地充实自己、完善自己，进而缔造一个完美人生。

谦让是一种美德，也是一种修养。谦让者可以包容别人、善待别人，学习和吸取别人有益的经验和知识，从而提高自己，避免浅薄无知。

精神氮泵

人生而平等，我们如何看他人，他人便如何看我们。

第四章

不忍则溃，百忍成金

忍耐是天地间最宽大的包容能量，无我是宇宙中最伟大的和平动力。任难任之事，要不吝出力而无气；处难处之人，要心知肚明而无言；行难行之道，要满怀自信而无惧；忍难忍之苦，要耐心有容而无怨。容人不是处，自无纷争；忍己难过处，自无怨言。

忍耐是成熟的开始

忍受是一种宽容。法国 19 世纪的文学大师维克多·雨果曾说过这样的一句话：“世界上最宽阔的是海洋，比海洋宽阔的是天空，比天空更宽阔的是人的胸怀。”生活中，对家长的批评、朋友的误解，过多的争辩和“反击”实不足取，唯有冷静、宽容、谅解最重要。相信这句名言：“宽容是在荆棘丛中长出来的谷粒。”能退一步，天地自然宽。

忍受更是一种潇洒。“处处绿扬堪系马，家家有路到长安。”

宽厚待人，容纳非议。如果一个人事事斤斤计较、患得患失，那么他一定很累。我们难得人世走一遭，潇洒最重要。

有位先哲曾说：“人如果没有忍耐之心，生命就会被无休止的报复和仇恨所支配。”

古希腊的大哲学家家苏格拉底，有一天和一位老朋友在雅典城里漫步，一边走，一边聊天。忽然，有一个莫名其妙的人冲了出来，把苏格拉底打了一棍子，就逃去了。他的朋友立刻回头要去找那个家伙算账。

但是苏格拉底拉住了他，不准他去报复。朋友说：“你怕那个人吗？”“不，我绝不是怕他。”“人家打了你，你都不还手吗？”苏格拉底笑笑说：“老朋友，你别生气。难道一头驴子踢你一脚，你也要还它一脚吗？”

有人说忍耐是软弱的象征，其实不然，有软弱之嫌的忍耐根本称不上真正的忍耐。忍耐是人生难得的佳境——一种需要操练、需要修行才能达到的境界。忍耐是一种高尚的美德，它能让你的内心时时充满安详与快乐，也能让你轻松地赢得他人的尊重。

托尔斯泰虽然很有名，又出身贵族，却喜欢和平民百姓在一起，与他们交朋友，从不摆大作家的架子。

一次，他长途旅行时，路过一个小火车站。他想到车站上走走，便来到月台上。这时，一列客车正要开动，汽笛已经拉响了。托尔斯泰正在月台上慢慢走着，忽然，一位女士从列车车窗里冲他直喊："老头儿！老头儿！快替我到候车室把我的手提包取来，我忘记提过来了。"

原来，这位女士见托尔斯泰衣着简朴，还沾了不少尘土，把他当作车站的搬运工了。

托尔斯泰赶忙跑进候车室拿来提包，递给了这位女士。

女士感激地说："谢谢了！"随手递给托尔斯泰一枚硬币，"这是赏给你的。"

托尔斯泰接过硬币，瞧了瞧，装进了口袋。

正巧，女士身边有个旅客认出了这个风尘仆仆的"搬运工"，就大声对女士叫道："太太，您知道您赏钱给谁了吗？他就是列夫·托尔斯泰呀！"

"啊！老天爷呀！"女士惊呼起来，"我这是在干什么事呀！"她对托尔斯泰急切地解释说，"托尔斯泰先生！托尔斯泰先生！看在上帝的面上，请别计较！请把硬币还给我吧，我怎么会给您小费，多不好意思！我这是做什么。"

"太太，您干吗这么激动？"托尔斯泰平静地说，"您又没做什么坏事！这个硬币是我挣来的，我得收下。"

汽笛再次长鸣，列车缓缓开动，带走了那位惶惑不安的女士。

托尔斯泰微笑着，目送列车远去，又继续他的旅行了。

如果这件事情发生在我们的身上，我们是否能如托尔斯泰这般淡然呢？生活中有很多人都不能忍耐，即使遇到一点儿小事，也不肯放过。其实这样做往往是对自己的折磨，因为不懂得忍耐的人往往都是爱生气的人，跟别人斗气，伤害的总是自己的身体。所以生气时懂得忍耐，不让愤怒伤害灵魂和身体。

挫折面前懂得忍耐。鼓起勇气战胜一切挫折，取得人生的进步，成长和成熟也从此开始。

忍受环境，磨砺自己。尼布尔有一句有名的祈祷词说：“上帝，请赐给我们胸襟和雅量，让我们平心静气地去接受不可改变的事情；请赐给我们智能，去区分什么是可以改变的，什么是不可以改变的。”这更是我们面对难以忍受之事时的参考锦囊。

精神氮泵

人心扩大时，能扩大到如同虚空一般，将宇宙万物都容纳下。

退的智慧

佛家说："苦海无边，回头是岸。"人往往只看见眼前的世界，而看不到后面的世界。眼前的世界只是人生的一半，回头，可以成就我们人生的另一半；退一步，可以让我们的人生达到完满。有时候，回头看到的世界，比前面的世界更宽广。

回头看一看自己的人生，才知道自己在这条路上留下了怎样的足迹，并以此校准前进的脚步；遇到绝路时，尝试退一步，休养生息，储存能量，才能更好地重新出发。

表面看来，后退是认输，是失去，实际上很多时候，退步反倒让人前进，是一种低调的积蓄。

一位学僧斋饭之余无事可做，便在石桌上画起画来。画中龙争虎斗，好不威风，只见龙从云端盘旋而下，虎踞山头，作势欲扑。但学僧描来抹去几番修改，却仍觉得气势有余而动态不足。

正好大师从外面回来，见到学僧执笔前思后想，几个弟子围在旁边指指点点，于是走上前去观看。学僧看到大师前来，就请大师点评。

大师看后说道：“龙和虎外形不错，但其本性表现不足。要知道，龙在攻击之前，头必向后退缩；虎要上前扑时，头必向下压低。龙头向后曲度愈大，冲击的速度就愈快；虎头离地面越近，跳的高度就越高。”

学僧听后非常佩服大师的见解，于是说：“您真是慧眼独具，我把龙头画得太靠前，虎头也抬得太高，怪不得总觉得动态不足。”

大师借机开示：“为人处世，如同参禅的道理。退后一步，才能冲得更远；谦卑反省，才会爬得更高。”

另外一位学僧有些不解，问道：“退步的人怎么可能向前？谦卑的人怎么可能爬得更高？”

大师严肃地说：“你们且听我的诗偈：手把青秧插满田，低头便见水中天；身心清净方为道，退步原来是向前。你们听懂了吗？”

学僧们听后，点头，似有所悟。

进是前，退亦是前，何处不是前？大师以插秧为喻，向弟子们揭示了进退之间并没有本质的区别。做人应该像水一样，能屈能伸，既能在万丈崖壁上挥毫泼墨，好似银河落九天；又能在幽静山林中蜿蜒流淌，自在清泉石上流。

我们在遇到困难时会暗想：这条路真难走，这种日子再也过不下去了。

那为什么不退后一步呢？也许只要后退一步，就会在沙漠中看见属于你的绿洲；也许后退一步，你就能在生命的大海中发现属于自己的小岛。

当你觉得山穷水尽的时候，后退一步，也许你就会觉得海阔天空；在心灰意冷的时候，转念一想，说不定你会发现一切正在悄悄转好。

在这个世界上，有阳光，就必定有乌云；有晴天，就必定有风雨。从乌云中解脱出来的阳光比以前更加灿烂，经历过风雨洗礼的天空才能更加湛蓝。在没有路的地方后退一步，并不意味着退缩，而是为了包容整条路上的苦难和美好，更坚定地走下去。

精神氮泵

退一步，有时是一种低调的积蓄。

雅量待人，锱铢必较难成事

包容，不只是一种思想，更是一种本质，是每个人都应具有的一种无限广阔的“空性”本质。宽恕别人，就是给别人改过的机会，也给了自己更广阔的空间。

“如果一个人的快乐希望从别人身上来获得，那会比一个乞丐沿门托钵还痛苦。”真正的快乐由宽恕别人而来，宽恕可以升华自己，懂得宽恕别人的人，自己也会得到真正的快乐。

犯错是平凡，而宽恕是一种超凡。宽恕不仅仅是减轻对方的痛苦，更是在减轻自己的痛苦。假如我们对别人的行为不满意，那么痛苦的不是别人，而是自己。不懂得谅解他人的人，往往也不能善待自己；懂得善待自己，才能够谅解他人。

一位将军设下一桌素食宴请当地一名得道的高僧，想和他探讨人生。

高僧带着自己的徒弟前来赴宴，餐桌上摆满了美味的素肴，但是，在开席期间，高僧的小徒弟发现有一盘菜里面竟然藏了一块肥肉。

他拿起筷子，故意把肥肉翻到菜的上面，想引起将军的注意，但高僧不动声色地把肉又藏回碗底。小徒弟糊涂了，没有弄明白师父的意图。

过了一会儿，小徒弟又把肉翻了出来，高僧见状，再次巧妙地遮盖住了肉。两人一翻一遮反复了好几次，高僧见弟子还是不懂他的意思，便凑到他的耳边，轻声说道：“若还顾及师徒情分，就不要再把肉翻出来了。”

小徒弟听了这话，自然不敢再去翻那块肉，整个宴席也就相安无事地结束了。

在回去的途中，小徒弟壮起胆子问高僧：“师父，为什么你不让我把肉翻出来让将军看到呢？他明明知道我们只吃素，却藏了一块肥肉在其中。那个厨师肯定是故意的，就算不是故意的，他也犯错了，应该让将军处罚他。”

高僧说：“只是一块肉而已，要是刚才将军真的看到了，万一他一怒之下杀了厨师，或者是给了他别的处罚，我们岂不是这造孽的根源。我跟你说过，修行要以慈悲为怀。没有人是完美的，再厉害的人也会有犯错的时候，何况是个小小的厨师。不论他是有意还是无意，我们要做的不是让事情变得更坏，而是尽量让事情变得更好！”

高僧对厨师过错的宽恕，体现了这样一个道理：宽恕虽然

精神氮泵

尽可能原谅他人不经意间的冒犯，这是一种重要的生活智慧。

无法改变过去，却能改变未来。人总是难免有一些小毛病，可能还会犯点儿小错误，这都很正常。因此，宽容地对待他人，是每个人应具备的美德。没有哪个人愿意与斤斤计较、小肚鸡肠、犯一点儿小错就抓住不放，甚至不断打击报复的人交往。

尽可能原谅他人不经意间的冒犯，这是一种重要的生活智慧。能原谅他人的冒犯，那些无关大局之事，没必要锱铢必较，不如能忍则忍，能让则让。

真正懂得宽容的人，能够避免争端，也能够安抚他人的心灵。宽恕他人，不能改变既定的事实，也不能改变已经造成的伤害，但是可以避免冲突和矛盾，造就平和安宁、人人和谐相处的未来。而造就这种未来，只需要一点儿小小的忍耐，只需要轻轻抬手放过他人的过错，甚至只需要沉默不语。

第五章

换位思考，换心感受

不妄求是知足的生命，不投机是本分的性格，不计谋是诚实地做人，不自私是净化的身心。待人应似春风，处世须像夏莲，律己宜带秋气，利他犹如冬阳。以己心度他心，是为人的根本。在与人交往的过程中，应时刻牢记：我们怎样对待世界，世界就会怎样对待我们。

遇怒缓一缓，不迁怒于人

不迁怒，说起来简单，做起来却很难，需要有极高的修养。我们常常看到“迁怒”的现象，有的时候明明是自己在外边受了气，却把心中的不快带回家发泄在亲人身上；有的时候心情不好，控制不住内心的火，就乱发脾气，搞得大家的关系很紧张；有时，甚至因为自己内心的不满便对社会和他人采取报复的手段。

能够做到不迁怒，是道德完善的一个重要标志。在遇到问题的时候，不迁怒于人，是做人最重要的涵养之一。不能控制自己的脾气，小则使人际关系紧张，大则导致事情失败。

之所以会迁怒于人，就是因为控制不住心里的怒气。

有一个妇人，特别喜欢为一些小事生气，她觉得自己这样不好，所以去求一位高僧为自己开示。

高僧听了之后，沉默不语，只把她带到一座禅房中，锁上门便离开了。

妇人气得破口大骂，骂了半天，高僧也不理会。妇人于是开始恳求，高僧仍不理她。最后，妇人终于沉默下来。

高僧在门外问："还生气吗？"

妇人说："我生我自己的气，气自己为什么到这里来受罪。"

高僧说："连自己都不原谅，又如何能做到心如止水？"

过了一会儿，高僧又问："还生气吗？"

妇人说："不生气了。"

"为什么不生气了？"

"因为气也没用。"

高僧说："你的气还没有消退，只是压在了心底。"

当高僧第三次问她时，妇人答："我不生气了，因为不值得气。"

高僧微笑道："还在衡量值不值得，说明心中还有气根。"

妇人问："大师，什么是气？"

高僧将手中的茶水倾洒于地。

妇人盯着地上的茶水看了许久，终于领悟。

什么是气？气就如同倾洒于地上的茶水，泼出去便收不回来。

有时我们对某人生气，并不是因为讨厌这个人，而是因为从其他地方受了委屈，于是迁怒于他。当我们对人发怒时，这股怒气在人际关系和人情上造成的伤害常常是无法弥补的。

易怒的脾气并不是天生的，而来源于对人对事的“不爱”。与人有怨仇，所以不爱；别人做事不能如自己的意，所以不爱；爱自己胜过爱别人，所以容易对他人起嗔怒。有时候，不懂得嗔由心生的道理，而将自己脾气的暴躁归于天性，这也是一种迁怒。

迁怒一般都有一个规律，即迁怒于弱者、迁怒于物、迁怒于对自己没有巨大威胁的对象，以此来寻求所谓的平衡，其实是一种阴暗的心理。

迁怒是一种掠夺，情感的掠夺。迁怒者往往只注重自己的感受，而不顾及被迁怒者能否接受。生活是一件艺术品，每个人都有自认为不尽如人意的一笔，烦恼存在于每个人的生活中，关键在于你怎样看待。我们每个人都可能曾是被迁怒的对象，而同时又是迁怒者。

在发怒之前，应当先给自己一个缓冲的时间，多为他人考虑一下，要知道难以解决的问题靠生气是解决不了的。生气只会伤害他人和自己，让事情变得更加严重。每个人都不希望承受别人的怒气，既然如此，我们也不应该对他人倾倒怒气。

精神氮泵

在遇到问题时，不迁怒于人，是做人重要的涵养之一。

多要求自己，少苛求他人

重的错失是烦恼，轻的过失叫习气。譬如，有的人上台讲话，习惯低着头自顾自地讲，不看下面的人，这就是习气；喜欢吃什么东西，喜欢买什么东西，也叫习气。

这些都只是无伤大雅的习气，也就是小过，人最大的恶习是不自知。不自知，便不能知人，或者在知人的过程中出现偏差，一切不好的习气都来源于不自知。有一种说法叫“烦恼易断，习气难改”，就是说不好的习气是不容易更改的。我们经常对别人要求很高，对自己却要求很低，所以总是指责他人而轻易原谅自己，也就是所谓的“严于律人，宽以待己”，这就是一种难改的习气。

“习气不离心。”这句话的意思是说应当对自身的习气有所察觉，在指责他人之前，应该先看清自己的心、自己的毛病。

金陵有一位年轻禅师，他性情洒脱，为人豪放不羁，不受世俗的羁绊。其他人不满于他的无所事事，总是对他有成见，然而老禅师非常器重这位年轻禅师。

一天，老禅师问了众人一个问题：“你们之中有谁能够把系在老虎脖子上的铜铃解下来呢？”

众人面面相觑，谁也没有吱声。年轻禅师坐在角落里，眼睛眯着，俨然一副已经睡去的样子。旁边的僧人不满地推了推他，他睁开眼睛，看到老禅师正面带微笑地看着自己，便开口说道："我们怎么能解下来呢？谁系上去的谁才能解下来啊！"

老禅师点头称赞他回答得妙，并在事后对众人说："心铃是自己系上去的，所以也只有自己解得开；他早已解下了自己的心铃，而你们的却还挂在那里，所以你们不能小看他。"

我们自己就是心铃的系铃人和解铃人，而年轻禅师已解下了自己的心铃。解铃还须系铃人，那些嘲笑年轻禅师的人不明白这个道理，抛不开心头的成见，眼睛只看见他人的坏处，却看不见自己已经被自己系的心铃所束缚。有的人正是因为没有留一双心眼观照自己，所以心中有铃而不自知，也不知道只有自己才能还自己自由。

这就是习气难改的道理。然而，难改并不等于不能改。许多人认识到了自身的习气，却期望依赖他人的规劝和教诫来改变。殊不知，他人的帮助只是外力，只有自己勇于认错，决心改过，内心具备恒心和毅力，时时砥砺自我，才能彻底改变自身的恶习。

很多人都认为自己身处的世界是个不平等、不公平的世界，确实，世间的事很难平等，但最重要的是在心理上建立平等的观念。不仅对别人一视同仁，更要把自己和别人放在一起观照，对自己要求多一点儿，对他人包容多一点儿，彼此尊重，人我同等，相互接纳，才能和平相处，共享安乐。

多自我反省、自我忍耐、自我批评，眼睛多看自己，少看别人，才能在看到他人的缺点之前，先看到自己的缺点，这样就能在对人对事时少一分不平之气，多一分平和之心。

精神氮泵

应当对自身的习气有所自觉，在指责他人之前，应该先看清自己的心、自己的毛病。

不以自己的标准度量他人

我们应尊重人的自性与本性。每个人自以为的正解未必就是他人心中的标准答案，所以，不要将自己的标准强加于他人。

不将自己的标准强加于人是同理心的表现。每个人所处的环境不同，对事物的判断与处世的标准就会不同，于是，不同的人对同一件事情的看法便会产生差异。懂得了这个道理，就能够在表达自己意见的同时允许有不同的意见存在。

一个屠夫的妻子因病去世了，他请一个大师到家里来为亡妻诵经超度。做完法事后，屠夫问大师："这一次法事，我的妻子能得到多少利益呢？"

大师回答他："佛法是普度众生的，所以，不只是你的妻子得利而已。"

屠夫听到这样的答案后着急了，他说："我妻子身体虚弱，长得也娇小，众生都能得到利益，那她肯定会吃亏的。大师，你可不可以只为我妻子诵经？"

大师摇了摇头，意味深长地说："你这是自私的表现。修法有一个非常讨巧的方法，那就是用自己的功德照耀别人，让大众均得到法益。所谓因果、事理的关系就是这样，就好像一支蜡烛点燃千千万万支蜡烛，这支蜡烛的光亮并未因此而熄灭，反而引燃了别的蜡烛，也照亮了自己。"

屠夫似乎有所感悟，又似乎没有真正领悟。他又说："你说得有道理。那就不需要单独为我妻子做法事，但我想提个小小的要求。"

大师问："什么要求。"

屠夫说："我有一个邻居，他以前老找我的碴儿，想尽各种办法来害我、欺负我。既然大师说做法事众生都会得利，那可不可以把他从这个众生中抽去呢？因为我真的非常讨厌他。"

大师厉声说道："既然是众生，哪还有除去之说？"

屠夫被大师的一句话点醒了，幡然悔过。

世界上万事万物都有差别，但又都是平等的。"一灯照暗室，举室通明，何能只照一物，他物不沾光呢？"为人处世，不仅要善待自己，更要善待别人。

挑剔是人的普遍心理，我们总感到这也不好，那也不如意，却又没有比别人更好的办法来改进。如果放下对别人严苛的审视目光，改为通过各种途径来充实自己，那么将会从别人身上发现更多值得称道的东西。沙子与珍珠的最大区别就是沙子落下便无法再被拾起，而珍珠无论在哪里都是明亮耀眼的，沙子与珍珠，要做哪一个，全在于你自己。

一天，大师与一位居士在庭院中品茶。居士向大师请教："大师，我今天碰到一件有趣的事情。我邻居家的外墙刚刚上了新漆，光滑无比。一只虫子往上爬，总是爬不到一半就滑下来跌落到墙根儿，可这只虫子在每次跌落后都会重又往上爬。邻居的父子看见以后各自发表了意见，父亲说：‘这虫子真呆，换个粗糙的地方早就上去了。’儿子说：‘这虫子真有毅力，丝毫不放弃呢。’大师，这父子二人的观点截然相反，你说这究竟谁是谁非呢？”

大师没有回答问题，却反问居士：“太阳在白天大放光芒，月亮在夜里投下清辉。日月所为截然不同，居士，请问日与月谁是谁非呢？”

居士听完，大笑了悟。

虫子究竟是呆还是有毅力，都不过是人类擅自的评判，用人类看待事物的标准来评判虫子，本身就已走入误区。不论日月还是人事，谁是谁非终究没有定论，是非只来自人言。用自己心中的标准去猜度和要求他人，是人类的通病。问题的根本在于没有站在他人的立场来考虑问题，没有一种善待别人的修养境界。

为人处世，不要将自己的标准强加于他人，善于站在他人的角度看待问题，才是平等、尊重的表现。

精神氮汞

一灯照暗室，举室通明。何能只照一物，他物不沾光？

平等待人，以心换心

“平等待人无分别”是我们应当具备的为人之道。要做到对所有人一视同仁，不以年龄大小、财富多少、地位高低而区别对待。这一点说起来容易，做起来却很难。

有一位僧人听人说一位大师禅道高妙，想和其辩论禅法，适逢大师外出，侍者沙弥出来接待，道：“大师不在，有事我可以代劳。”

僧人道：“你年纪太小，不行。”

侍者沙弥道：“年龄虽小，智能不小！”

僧人一听，便用手指比了个小圈圈，向前一指，侍者摊开双手，画了个大圆圈。

僧人伸出一根指头，侍者伸出五根指头。

僧人再伸出三根手指，侍者用手在眼睛上比了一下。

僧人诚惶诚恐地跪了下来，顶礼三拜，掉头就走。僧人心里想：我用手比了个小圈圈，向前一指，是想问他他的胸量有多大，他摊开双手，画了个大圈，说有大海那么大。我又伸出一指问他自身如何，他伸出五指说受持五戒。我再伸出三指问他三界如何，他指指眼睛说三界就在眼里。一个侍者尚且这么高明，不知禅师的修行有多深，还是走为上策。

由这个故事可以看出，高僧不一定完全顿悟，侍者沙弥也未必心中没有禅道。正如少林武僧未必各个都能成十八罗汉，普普通通一个扫地僧人却很可能是世外高人。

所谓平等，其实就是无差别，这并不是指一切事物看起来都没有区别，而是指生命与生命之间、人与人之间是平等的。

世界上没有两片完全相同的树叶，更不会只存在一种树木、一类植物，这就是世间万物的差异性。世界因差异而精彩，因差异而进步；然而世间万物又是一个整体，虽然存在着巨大的差异，但本质上依然相同。

人与人之间也有着众多的差异，如生存环境、生活方式、个性、价值观等的差异。如何在差异中找到平衡点呢？如何做到相互包容、求同存异、真诚相对？需要的只是一颗平等心。

正所谓“人不可貌相，海水不可斗量”，绝不能因为别人比我们年龄小或者经历没有我们丰富、社会地位不如我们高，便

轻视他人。

我们与人相处，要友善地对待，真诚地帮助，即便是本来怀着恶意的人，因我们友好平等的态度，就算不对我们好，也应该不会伤害我们。去掉差别心，以平等的心态对待人和事，心就会变得平和、变得开阔。只有以我心换你心，平等对待每一个人，才能在与人相处的过程中多结交朋友。

精神氮泵

要做到对所有人一视同仁，不以年龄大小、财富多少、地位高低而区别对待。

第六章

知恩惜福，独乐乐不如众乐乐

人没有无缘无故得到，也没有无缘无故失去。做人不以聪明为先，而以尽心为要；处世不以成功为急，而以结缘为尊。让步不一定吃亏，从礼让中，我们才能和谐双赢。分享可以扩展我们的生活领域，让我们成为世界上最富有的人。

利他利人，散布欢喜

中国古代哲人历来强调“君子成人之美”，这是一种既能入乎其内，又能出乎其外，站在更高层次上看待世事的情怀，一种“极目楚天舒”的境界。把美好的事情作为一种精神上的追求，能够由此得到乐趣，而不去计较自己的得失，这才是君子之风。一个人如果拥有了成就他人的心量，也就拥有了君子风范。

有一个阿难护持修行人的故事：

一个师父对所收徒弟要求非常严格，徒弟中有一个喜欢诵经，只是苦于饮食等资具不足，需要外出化缘。如果化缘顺利，他就会有充足的时间诵经，否则回寺时间太晚，便会因为耽误功课而被师父责罚。

一天，该僧人化缘时间结束得晚，由于担心无法完成功课而被师父呵斥，因此感到愁苦。正当他无奈落泪时，一位长者经过，见沙弥哭泣便上前关心询问。沙弥便将他担忧的事情向长者倾诉。长者听后，恳切地说："以后我来供养你。

请你天天到我家来，这样你就能专心诵经用功了。”从此以后，僧人在长者的供养下专心诵学，无论师父规定多少功课他都能如期完成。

现代社会竞争压力巨大，世人你争我夺就算不损人也不愿利他，人的自私心重了，为他人做因缘的人似乎很难见到。自私心重的人，心灵之泉会慢慢枯竭，欢喜也便因人的心灵枯竭而慢慢枯萎。而这世间还有什么比欢喜更为珍贵？我们应从善如流，为别人做因缘，不仅是因为利人可散布欢喜，亦是因为利人可让自己得大欢喜、大自在。

有这样一个神话故事：

在印度，有一位牧牛老汉听说大师正在河边讲法，便拄着拐杖去了。当他到达大师讲法处时，已是人山人海。信众个个神情专注，用心聆听佛音。老人无法挤进人群，只好拄着杖站在河边的石头上听，不料他的拐杖正好拄到卧在石头上的一只蛤蟆。那只蛤蟆当时正在石头上静静地听大师讲经，没有留意到老人的拐杖，因此来不及躲闪，而老人也因太专注于听法而一直没有觉察。

拐杖正好压在蛤蟆的脊柱上，蛤蟆疼痛难忍，但始终不发一声。因为见老人如此专注地听法，如果自己发声必然会扰乱老人的心，打断他听法，为了成全老人听法，蛤蟆默默忍受着锥心的疼痛，直到伤重死去。

蛤蟆死前听闻了佛法，在生前承受巨大痛苦的情况下还能够有护人听法的清净心，因此它在命终之后，神志脱离了畜生道，升上了四天王宫。

量大福就大，帮助他人而不计得失乃极大心量，这种心量成就了众生，也成就了自己。然而自私的人并不这样想，他们总把自己的利益推到至高无上的地位，为了维护自己的利益，达到自己的目的，甚至会不择手段，诸如“人不为己，天诛地灭”“宁肯我负天下人，不愿天下人负我”“利人者是痴傻人，利己者是聪明人”等，都是他们的典型观念。自私的人，没有人愿意与其共事，因而他们也难以成大事。

一个想要改正自私心态的人，不妨多做些利他的事，如关心和帮助他人，为他人排忧解难等。多做好事，可在行为中纠正过去的自私心态，从他人的赞许中得到利他的乐趣，使自己的灵魂得到净化，从而与人结下更多缘分。

精神氮泵

利人可散布欢喜，因为利人可让自己得到大欢喜、大自在。

分享的过程是快乐的过程

生活的真谛并不神秘，幸福的源泉大家也都知晓，只是出于私心或者出于忙碌，常常忘记罢了。心灵无私，懂得分享，是我们获得快乐的途径。

没有人分享的生活，是一种惩罚，因为没有人喜欢寂寞的生活。即使功成名就，如果没人分享，再多的成就也不圆满。如果没有分享，谁来聆听我们心中的清音？如果没有分享，谁来领略我们生命中的精彩？没有分享，仙境也会变成地狱。

智者领着一位学禅者参观地狱与仙境。

他们来到一个房间，只见一群骨瘦如柴、奄奄一息的人围坐在香气四溢的一锅肉汤前，因手持的汤勺把太长，虽然他们争抢着往自己的嘴里送肉，可就是吃不到，又馋又急又饿。智者说："这就是地狱。"

他们走进另一个房间，这里空气中同样飘溢着肉汤的香气，人们同样手里拿着特别长的汤勺。但是，这里的人个个红光满面、精神焕发，原来他们个个手持长勺把肉汤喂进他人嘴里。智者说："这就是仙境。"

地狱与仙境，环境一样，只因心灵的差异，里面的人生存境遇便迥然不同。一心只想到自己，不考虑他人，仙境也会变成地狱；互相关爱和分享，彼此照顾，能使大家都受益，地狱也会变成仙境。

人间最宝贵的财富莫过于分享。佛家有云："若为乐故施，后必得安乐。"这与儒家提倡的"独乐乐不如众乐乐"有异曲同工之妙。其实分享并不意味着失去，独占也并不意味着拥有，懂得分享，可以让我们收获一些惊喜。一个懂得分享的人，往往生命丰沛而且充满活力。

大师在院子里种了一株菊花，三年之后的秋天，院子里开满了菊花，花香随风四散，甚至飘到了山下的乡村里。

到院里来参观的人们常常流连于这美丽的花园之中，交口称赞："多么美丽的菊花啊！"

有一天，一个人对大师说他想讨几株菊花种到自己家里，想让自己的家人也能每天看到如此美丽的花朵，嗅到这股芳香。大师立刻答应了，并亲手帮他挑了几株开放得最旺盛、枝叶最繁茂的，然后将根须挖出来送给他。

消息传开之后，前来要花的人络绎不绝，大师一一满足了他们的要求。不久，院中的菊花都被送出去了。

弟子们看到荒芜的院子，不禁有些伤感，他们略带惋惜地对大师说："真可惜，这里本应该是满园飘香啊！"

大师微笑着说："可是，你们想想看，这样不是更好吗？因为三年之后，将会是满村菊香啊！"

弟子们听师父这么一说，心中的不满和惋惜立刻消除了。

通过"满村菊香"，弟子们明白了分享是一种博爱。分享是

一种生活的信念，明白了分享，也就明白了存在的意义。分享可以让幸福快乐成倍增加，也可以让痛苦寂寞随之减半。

分享的过程，是一个成长的过程。只有懂得与别人交流和分享，我们才能够在智慧和情感的分享中不断得到提升与发展。

精神氮泵

心灵无私，懂得分享，是我们获得快乐的途径。

为他人点灯，亦照亮自己

分享是做人的根本，一个总想保全自己、不知分享的人，将很难行走于世。

分享就好比一个为他人点灯的过程，在照亮他人时，亦照亮了自己。人生中好的分享之一，就是人们真诚地帮助别人，同时也帮助自己。

有一个青年苦于现实生活的郁闷、惆怅，情绪非常低落，便想到庙里走一走。

到了寺院，但见寺庙里香客不断，檀香馥郁，再看香客们的脸，一张张都写满坦然、安详、幸福，他有些迷惑：莫非佛门真乃净地，果真能净化众生的心灵？

他流连于寺院中，见到一位在枯树下潜心打坐的佛门老者，那入迷之态吸引了他的注意。走近细看，老者那面露慈祥、心纳天下的表情强烈地震撼了他——原来一个人能超然物外地活着是这么美好！

他悄然坐在老者身边，请求老者开示。他向老者诉说了自己心中的苦痛，然后问："为什么现代人之间会钩心斗角，纷争不已？"

老者拈须而笑，铿锵而悠然地说："我送你一句话吧：爱出者爱返，福往者福来！"

青年听后幡然醒悟！

“爱出者爱返，福往者福来”，如果心中有爱，胸中有福，却只是一人独享，而不与人分享，那人生又有什么快乐可言呢？茫茫尘世，人与人如果能够互尽心力，互相照顾，世间将充满无尽的快乐。

当自己有蛋糕时，懂得与他人分享；当他人有困难时，懂得善待他人，这些都不是很复杂、很困难的事，很多只不过是举手之劳。这样不仅能轻松地与他人一起分享喜悦，给予别人力量，还能使自己在精神上得到满足，何乐而不为呢？反之，不懂得与别人分享，不懂得帮助别人的自私者，必会被人们抛弃。我们生活在一个美丽的世界，鸟语花香的环境有赖于每个人的努力，只有把爱与人分享，我为人人，人人为我，世界才会更美好，才更值得留恋。

如果心中没有恶念，能够抛开自私的个性，帮助别人，并在帮助别人的过程中体验到生命的快乐，那么，分享就已经成为这个人的行为准则，就可以不用在意分享的形式了。有时候，一个小小的善行，往往会体现出大爱。充满爱心的人往往能享受到更大的幸福，因为他们有三个幸福来源：自己的幸福，别人的快乐，还有自己对别人的付出。

在人际交往中，让他人感觉到自己纯真善良的心，对他人付出爱和关怀，就是送给他人最珍贵的礼物。助人为乐，与人分享幸福，自己就会得到双倍甚至更多的幸福。让自己愉快，

也给别人带去愉快的秘诀之一，就是处理好自己与自己、自己与别人的关系。用积极的心态对待自己，在成长中不断领悟具体该怎么想、怎么做，我们就能真正做到愉己及人。

为他人点灯，亦照亮自己。感情是在相互的施与爱的过程中产生的，如果我们能主动伸出善意的手，就会被无数同样包含善意的手握住。

精神氮泵

生命的意义在于分享，在于给予，而不在于接受，更不在于索取。

第七章

人到无求品自高

自以为拥有财富的人，其实被财富所掌控着。真正的财富是满足，享受名利不如享受无求。经常少欲知足的人，便是无虞的富人。拥有再多也无法满足，就等于是穷人。简单是人生的一份厚礼，让内心和生活都回归简单，才能获得幸福。

远离名利的烈焰，让生命逍遥自由

古今中外，为了生命的自由、潇洒，不少智者都懂得与名利保持距离。

惠子在梁国做了宰相，庄子想去见见这位好友。有人急忙报告惠子：“庄子来了，是想取代您的相位吧。”惠子很恐慌，想阻止庄子，派人在梁国搜了三日三夜。不料庄子从容而来拜见他，说：“南方有只鸟，其名为凤凰，您可听说过？这凤凰展翅而起。从南海飞向北海，非梧桐不栖，非练实不食，非醴泉不饮。这时，有只猫头鹰正津津有味地吃着一只腐烂的老鼠，恰好凤凰从头顶飞过。猫头鹰急忙护住腐鼠，仰头视之道：‘吓！’现在您也想用您的梁国相位来吓我吗？”惠子十分羞愧。

一天，庄子正在濮水垂钓。楚王委派的两位大夫前来聘请他：“吾王久闻先生贤名，欲以国事相累。”庄子持竿不顾，淡然说道：“我听说楚国有只神龟，被杀死时已三千岁了。楚王珍藏之以竹箱，覆之以锦缎，供奉在庙堂之上。请问大夫，此龟是宁愿死后留骨而贵，还是宁愿生时在泥水中潜行曳尾呢？”两位大夫道：“自然是愿意在泥水中摇尾而行了。”庄子说：“两位大夫请回去吧！我也愿在泥水中曳尾而行。”

庄子不慕名利，不恋权势，为自由而活，可谓洞悉幸福真谛的达人。

人活在世界上，无论贫穷富贵，穷达逆顺，都免不了与名利打交道。《清代皇帝秘史》记述乾隆皇帝下江南时，来到江苏镇江的金山寺，看到山脚下大江东去，百舸争流，不禁兴致大发，随口问一个老和尚：“你在这里住了几十年，可知道每天来来往往多少只船？”老和尚回答说：“我只看到两只船。一只为名，一只为利。”一语道破天机。

淡泊名利是一种境界，追逐名利是一种贪欲。放眼古今中外，真正淡泊名利的很少，追逐名利的很多。今天的社会是五彩斑斓的大千世界，充溢着各种各样炫人耳目的名利诱惑，要做到淡泊名利确实是一件不容易的事情。

旷世巨作《飘》的作者玛格丽特·米切尔说过:“直到你失去了名誉以后，你才会知道这玩意儿有多累赘，才会知道真正的自由是什么。”盛名之下，是一颗活得很累的心，因为它只是在为别人而活着。我们常羡慕那些名人的风光，可我们是否了解他们的苦衷?其实大家都一样，希望能活出自我，能活出自我的人生才更有意义。

世间有许多诱惑:桂冠、金钱，但那都是身外之物，只有生命最美，快乐最贵。我们要想活得潇洒自在，要想过得幸福快乐，就必须做到:学会淡泊名利，割断权与利的联系，无官不去争，有官不去斗;位高不自傲，位低不自卑，欣然享受清心自在的美好时光，这样就会感受到生活的快乐和惬意。否则，

太看重权力地位，让一生的快乐都毁在争权夺利中，那就太不值得，也太愚蠢了。

当然，放弃荣誉并不是寻常人具有的，它是经历磨难、挫折后的一种心灵上的感悟，一种精神上的升华。“宠辱不惊，去留无意”说起来容易，做起来却十分困难。红尘的多姿、世界的多彩令大家怦然心动，名利皆你我所欲，又怎能不忧不惧、不喜不悲呢？否则也不会有那么多的人穷尽一生追名逐利，更不会有那么多的人失意落魄、心灰意冷了。只有做到了宠辱不惊、去留无意方能心态平和，恬然自得，方能达观进取，笑看人生。

精神氮泵

不执着，不分别，不妄想，心就清净，
清净心里生欢喜。

舍一分利心，得一分简约

有些人活着的时候对名利和财富异常重视，到死都不肯放手，但在死后，这些名利钱财都不再属于他们，活着的时候吝啬物质上的付出，就显得毫无意义。当然，这并不意味着人们都要把千金散尽，而是人们对待财物的态度应当保持自然，不要太吝啬。适度的物质享受是合理的，一旦过度就成了奢侈；而死死攥住手里的钱，自己不肯用，更不肯施与他人，更是大错特错。

人从出生到死亡，不过是“赤条条来去无牵挂”，在生命的过程中，如果只想着做一个守财奴，那么赚再多的钱也没有意义。这些钱在我们生时，是束缚的枷锁，在我们死后不知又将成了谁的枷锁，不如舍去，换取更多的温暖。

金钱和财富很美好，常令人们对其趋之若鹜，不遗余力地追求。但金钱不是万能的，财富也未必总能令人快乐，只有超越其存在，才能享受生活。

真正的金钱观，是对金钱等物质上的东西喜于接受，也喜于付出。

有位信徒对大师说：“我的妻子贪婪而且吝啬，对于做好事行善，连一点儿钱财也舍不得，你能到我家里来，向我妻子开示，使她能行些善事吗？”

大师是个痛快人，听完信徒的话，毫不犹豫地答应下来。

当大师到了那位信徒的家时，信徒的妻子出来迎接，却连一杯水都舍不得端出来给大师喝。于是，大师握着一个拳头说："夫人，你看我的手天天都是这样的，你觉得怎么样呢？"

信徒的妻子说："如果手天天是这个样子，这是有毛病，畸形啊！"

大师说："对，这样子是畸形。"

接着，大师把手伸展开来，并问："假如天天这个样子呢？"

信徒的妻子说："这样子也是畸形啊！"

大师立即趁机说："夫人，不错，这些都是畸形，对钱只知贪取，不知布施，是畸形；只知道花用，不知道储蓄，也是畸形。钱要流通，要能进能出，要量入为出。"信徒的妻子此时终于顿悟了。

握着拳头暗示过于吝啬，张开手掌则暗示过于慷慨，信徒的妻子在大师这样的比喻中，对为人处世、经济观念、用财之道，都豁然领悟了。

有的人过于贪财，有的人过分施舍，这些都不是正确的财富观。我们应该知道喜舍结缘是发财顺利的原因，因为不播种就不会有收获。给予应该在不自苦、不自恼的情形下去做，在自己力所能及的情况下帮助别人，否则，就不是纯粹的施舍。

在现代社会，许多有钱人都乐善好施，对金钱可以慷慨解囊。他们认为，钱财并不总是给他们快乐，而散财、做慈善事业，反而让他们找回了幸福感，这是一种正确的财富观和布施方式。

对于普通人来讲，虽然没有大笔的财富，但也不必为了金钱而变得锱铢必较。钱财是为了让自己的日子越过越好，而不是让自己变得越来越提心吊胆，或者终日汲汲而求。

那些被我们牢牢攥在掌心的财富，原本就不可能永远为我们所有。在这个世界上，只有被自己用出去的钱财才是自己的。多施舍一份钱财，就多舍去一份贪心，多收获一份善缘；多清空一份财富带来的负担，就多体会到一份简单生活的真谛。

精神氮泵

多给予一份钱财，就多舍去一份贪心，多收获一份善缘；多清空一份财富带来的负担，就多体会到一份简单生活的真谛。

布衣蔬食，知足就能开心

《金刚经》有文：“法尚应舍，何况非法。”这种大彻大悟很难有人能做到，舍也好，得也罢，最高境界恐怕不是在权衡各种利弊得失之后做出的判断，而是在看淡了名利、看淡了自己、看淡了世间一切“法”之后，一种随意的“舍”。

我们常人也许很难达到这种境界，最起码应当学会舍，舍弃生命中多余的欲望，知足常乐。孟子说：“养心莫善于寡欲；其为人也寡欲，虽有不存焉者，寡矣；其为人也多欲，虽有存焉者，寡矣。”说的就是“知足常乐”的道理。

对于一个不知足的人来说，天下没有一把椅子是舒服的，没有一块美玉是纯洁无瑕的。

古人“布衣桑饭，可乐终身”，一个不懂得知足的人，即使拥有荣华富贵，也摆脱不了愁苦。

虽然谁都有需求与欲望，但这要与自身的能力及社会条件相符。每个人的生活都有欢乐，也有缺失，不能攀比，俗话说“人比人，气死人”，面对他人的优越，要有恰当的心理调适。心理调适的最好办法就是让自己始终抱着知足常乐的观念，“知足”便不会有非分之想，“常乐”便能保持心理平衡，如果掉进贪欲的牢笼，不得解脱，既看不到眼前的幸福，也看不见生活未来的方向。

从前在普陀山下有位樵夫，以打柴为生，他整日早出晚归，风餐露宿，但仍然常常揭不开锅。于是，他老婆天天到佛前烧香，祈求佛祖慈悲，让他们脱离苦海。

苍天有眼，大运降临。有一天，樵夫突然在大树底下挖出一个金罗汉，转眼间他就成了富翁！于是他买房置地，宴请宾朋，而亲朋好友都像是一下子从地下冒出来似的，纷纷赶来向他表示祝贺。

按理说樵夫应该非常满足了，可他只高兴了一阵子，就又犯起愁来，吃睡不香，坐卧不安。他老婆看在眼里，不禁上前劝道：“现在吃穿不缺，又有良田美宅，你为什么还发愁呢？就是贼偷，一时半会儿也偷不完啊。你这个丧气鬼！天生受穷的命。”

樵夫听到这里，不耐烦地说：“你妇道人家懂什么？怕人偷只不过是小事，关键是十八罗汉我才得到其中一个，其他十七个我还不知道它们埋在哪里呢，我怎么能安心呢？”说完便瘫软在床上。樵夫整日愁眉不展，落得疾病缠身，最终离幸福和健康越来越远。

樵夫的不幸在于不知足，太过贪婪。很多人认为，只有不知足才能不断进取，才能不断拥有。其实不然，世间有很多东西是我们倾尽一生努力也无法得到的。明知不可得，却听从欲望魔鬼的引诱，在一次次徒劳的努力中耗尽心神、尝尽失望的苦酒，又怎能得到快乐呢？不知足，是因为得到的不再觉得珍贵，而认为不曾拥有的才是最好的。

“天下熙熙，皆为利来，天下攘攘，皆为利往。”从古至今，多少人在混乱的名利场中丧失原则，迷失自我，百般挣扎反而落得身败名裂。古人说得好：“名利本为浮世重，古今能有几人抛？”懂得知足的人往往会量力而行。即使前面有很多诱惑，但是他仍然能够不为所动，仔细斟酌自己一天至多能行多远。

知足常乐是以发展的眼光看待事物，不是安于现状的骄傲自满。《大学》曰：“止于至善。”就是说人应该懂得如何努力而达到最理想的境界，懂得自己处于什么位置是最好的。知足常乐，知前乐后，也是分析自我、定位自我、放松自我。这样才不会因为好高骛远，迷失方向，最终碌碌无为。

生活的本质是简单，身外再多的繁华，最终也会归于虚无，只有简单永恒不变。知足意味着看透身外之物的清醒，意味着对简单生活的认同。我们应该明白：布衣桑饭，知足就能开心。

精神氮泵

对于一个不知足的人来说，天下没有一把椅子是舒服的，没有一块美玉是纯洁无瑕的。

第八章

慈善心助人，智慧心成己

慈善没有敌人，智慧不起烦恼。智慧，是人生的透视，是微妙的感悟，是经历的结晶；慈善，是世间的至情，是善美的关怀，是无私的奉献。烦恼消归自心就有智慧，利益分享他人便是慈善。智慧与慈善，是人间的至宝。

要有爱的胸怀和爱的智慧

真正的慈善是平等地关怀一切，随时存有平等的心念而与人相处，与这个世界融合。

一位年轻和尚19岁时就在曹源寺出家，拜在一位大师门下。刚刚入寺修习时，他终日被派去打杂，给寺中僧人烧洗澡水，时间久了，他渐渐不满意师父的安排。

有一次，师父嫌洗澡水太热，就让他去提一桶冷水过来调和一下。年轻和尚便去提了凉水过来，先将一部分热水泼在地

上，又把多余的冷水也泼在地上，然后将水调好了。

师父见此情状，严厉地斥责他说："你怎么如此冒冒失失！地上有多少蝼蚁、草根，这么烫的水泼下去，会烫死多少生命？而剩下的那些冷水，如果用来浇花育园，又能活多少草木？你若心无慈悲，出家又为了什么呢？"

年轻和尚顿悟，他既明白了原来烧水做饭之中也可以悟到禅机，又清楚了慈悲心在修行过程中的意义，自此，他以"滴水"为号，成为一代大师。

慈善是指以慈善心来对待别人，而智慧则是约束和辅助自己的无形力量。智慧并非通常意义上的高智商或头脑聪明，而是无私地处理一切问题。在处理任何事情时，都要抛弃以自我为中心的习惯，不能从自我的立场或利益出发去评判是非。

为人处世，应时刻想着把美好的事物与别人一起分享，不仅要克服自私的束缚，而且要依靠这种分享的智慧来实现对他人的慈善。即使自己一无所有，但是让其他人分享到自己的幸福，是一件快乐的事情，是一种慈善的胸怀，也是一种无私的智慧。

慈善与智慧像飞鸟的一双翅膀，失去任何一方，人心都无法保持平衡的姿态，也就不能奢望展翅高飞。慈善的行为要以智慧来判断，否则就有可能好心办坏事；而智慧的运用则要以慈善为前提，否则就会流于空谈。

慈善与智慧的交融，是心灵的和谐、完美与圆融，它使人能够不断探索生命的奥秘，同时看到真正的自己。

精神氮泵

慈善心愈重，智慧愈高，烦恼也就愈少。

雪中送炭好过锦上添花

每个人活在这个世上，都不可能无求于他人，也不可能没有助人之时。

在打算帮助别人的时候，我们应当记住一条原则：救人一定要救急。如果对方有求于我们，这说明他正等待着有人来相助，而如果我们应允了，那么就必须及时相助。

求人须求大丈夫，济人须济急时无。锦上添花不是必要的，雪中送炭却是救人于危难。

在一个人不渴的时候，你即使送他一桶水也没用；在他渴的时候，即使是半杯水也珍贵非常。一个人在吃饱的时候，再好的食物也会丧失吸引力；而在饥饿的时候，半个馒头也会让他觉得美味无比。

雪中送炭远比锦上添花重要；人需要关怀和帮助，也最珍惜自己在困境中得到的关怀和帮助。

若要一个人记住你，那么最好的方式莫过于在他最需要帮助时伸出援助之手。

有一次，一个穷人来到大师面前，向他哭诉："我们家已经好几天都揭不开锅了，上有老，下有小，一家人眼看就要饿死了，请师父发发慈悲，救救我们吧，我们一家人将感激不尽，永远记得师父的恩德……"

大师面露难色，虽然他想救这家人，可是连年大旱，寺里也是吃了上顿没下顿，让他如何救这家可怜的穷苦人呢？大师一时束手无策。

突然，他看到身旁的佛像，佛像身上是镀金的。于是，荣西禅师毫不犹豫地攀到佛像上，用刀将佛像上的金子刮下来，用布包好，然后交给这个穷人，说：“这些金子，你拿去卖掉，换些食物，救你的家人吧！”

这个穷人看到大师这样，不忍地说道：“我这是罪过呀，逼得大师为难！”

大师的弟子也忍不住说：“佛祖身上的金子就是佛祖的衣服，师父怎可拿去送人！这不是冒犯佛祖吗？这不是对佛祖的大不敬吗？”

大师义正词严地回答：“你说得对，可是我佛慈悲，他肯

定愿意用自己身上的肉来拯救众生，这正是我佛的心愿啊，更何况只是他身上的衣服呢！这家人眼看就要饿死了，即使把整个佛身都给了他，也是符合佛的愿望的。如果这样做我要入地狱的话，那么只要能够拯救众生，赴汤蹈火我也在所不辞！”

人们总会在现实生活中遇到一些困难，遇到一些自己解决不了的事情，这时候，如果能及时得到别人的帮助，自然会永远铭记于心，感激不尽。

人们常说，雪中送炭胜于锦上添花。在对方濒临饿死时送一根萝卜和在对方富贵时送一座金山，就人的内心感受来说是完全不同的。我们要做的，正是在他人落难时送他一杯水、一碗面、一盆火，因为雪中送炭更能显示出人性的伟大。当别人最需要帮助的时候，我们伸出的手才最能派得上用场。

精神氮泵

当别人最需要帮助的时候，我们伸出的手才最能派得上用场。

世上没有不能回头的歧途

怀着待己之心来对待他人，平等地对待世间事物，这是一种高尚的人格修养，也是同理心的一种表现。只有视众生平等，才能没有区别地对每一个人都抱持一颗慈善之心。无论是贩夫走卒，还是达官贵人，无论是高尚的圣贤之士，还是堕落的风流浪子，都应平等相待。

在朝阳升起之前，庙前山门外凝满露珠的草地里跪着一个人："师父，请原谅我。"

他是某城的风流浪子。20年前他曾是庙里的小和尚，极得方丈宠爱。方丈将毕生所学都教给了他，希望他能成为出色的佛门弟子。可他却在一夜之间动了凡心，偷偷下了山。外面的世界迷住了他的双眼，从此，花街柳巷，他只管放浪形骸。夜夜都是春，却夜夜不是春。20年后的一个深夜，他陡然惊醒，窗外月色如洗，澄清明澈地洒在他的掌心上。他忽然悔悟了，披衣而起，快马加鞭赶往寺里。

"师父，您肯饶恕我，再收我做徒弟吗？"方丈深深厌恶他的放荡，所以摇头说："不，你罪孽深重，必堕入地狱。要想佛祖饶恕你，除非桌子会开花儿。"

浪子失望地离开了。

第二天早上，方丈一踏进佛堂就惊呆了。一夜间，桌上开满了大簇大簇的花朵，每一朵都芳香逼人。

佛堂里一丝风也没有，可那些盛开的花朵却簌簌急摇，仿佛在焦灼地召唤着谁。方丈顿时大彻大悟，连忙下山去寻找浪子，却已经来不及了。心灰意冷的浪子又重新堕入了他过去的荒唐生活中。

而桌上那些花朵也只开放了短短的一天。是夜，方丈归西，他的临终遗言是：这世上没有什么歧途不可以回头，没有什么错误不可以改正。

金无足赤，人无完人，人非圣贤，孰能无过？俗话说：“浪子回头金不换。”一颗真诚向善的心，是最罕见的奇迹，好像佛桌上开出的花朵。而让奇迹陨灭的，不是错误，而是一颗冰冷、不肯原谅、不肯相信的心。

人心本善良，即使作了恶，只要有心向善，就是最值得欣慰的事。在社会这个大家庭里，我们不要戴着有色眼镜看人，

要发扬自己的善行，更要帮助走入歧途的人。一个人只要认识到自己的过错，那么他就是一个善良的人，就应该得到人们的宽容和谅解，就应该得到大家的关爱。

一个微笑可以化解仇恨，并引起善意的因缘。与人相处时，我们要友善地接纳对方，真诚地帮助对方。人人都可能犯错，如果能够平等地对待犯错的人，并且给他一个改过自新的机会，那么我们往往能够挽救一个人的灵魂。人在这个世界上生活、工作，就难免会犯错误；其实错了并没有什么，知错能改才是最重要的。当别人犯了错误的时候，我们应以宽容的心态来对待他们，给他们反省的机会，用善心化解他们心中的阴霾。

精神氮泵

一颗真诚向善的心，是最罕见的奇迹，
好像桌上开出的花朵。

下篇

允许自己做自己

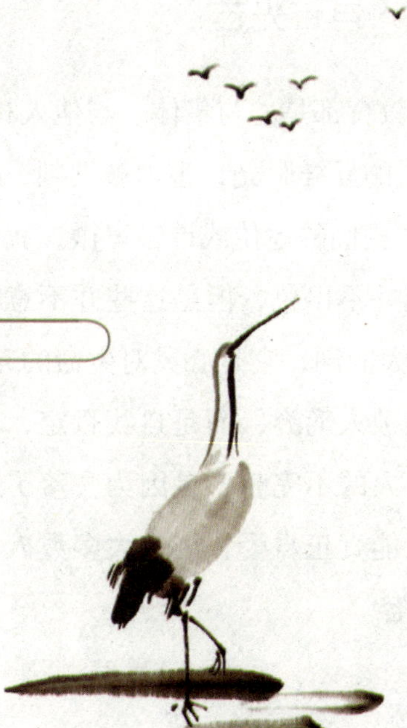

第一章

愿你拥有被讨厌的勇气

懂得自爱的人才懂得自我尊敬。世界上的人，无论是贫贱还是富贵，因为自爱，才能保持做人的尊严和独立。

爱自己的人自带光芒

从小到大，我们所受到的教育都是“与集体、与他人相比，我不重要”。因为害怕来自别人的异样眼光，害怕被批判，我们不敢大声地说出“我很重要”。我们的地位或许很卑微，我们的身份或许很渺小，工作也可能并不出色，但是这些并不意味着我们不重要。重要不是什么伟大的词，它是心灵对生命的允诺。

其实，人最大的心病不是被人离弃，而是自我否定，不接受自己，而寻找别人爱自己。人的不完整不是因为失落了另一半，而是不懂自爱。很少有人能真正自爱，因为大多数人很难放下自我的执着，做到豁达从容。

有个著名作家曾说：“自爱是生命最基本的原动力，像吃饭呼吸一样自然和重要，偏偏我们却失去自爱的本能，经常自虐危害自己。不爱自己，将不知道什么是爱，即使爱已站在你面前。可笑的是我们经常这样把爱赶走、然后埋怨爱从未出现过。爱的条件是先培养强壮的自爱能量，觉知和欲望管理的能力。当你还未真正爱过自己，感受过自由的流动爱恋状态时，所谓真正深爱，可能只是欲望的陷阱、无力自控的病态。爱是个人的修行，由自爱开始。最终能一生一世的，永远是自爱，没有比这更坚定不移、天长地久的爱情。”

真正的爱，需要自我完善，需要付出必要的精力，而我们的精力毕竟有限，不可能狂热地爱每一个人。在有限的生命里，有限的爱只能给予少数特定的对象，而这些特定的对象中首先应是我们自己。

学习自爱的第一步，就是要懂得在适当的时候过滤掉负面思想，代之以正面想法。先与自己建立良好关系，相信自己，相信自己有能力自我改善。然后，感激身体对自己不离不弃，为自己默默地付出，散发内在的慈悲。要知道，对自己的生命完完全全地负责，才是真正的爱。

自爱也需要决心。人们之所以不能做到自爱往往是因为太懦弱，宁愿花很多时间和精力叫苦，也不愿意用行动来拯救自己。自爱是行动，马上行动。

懂得并学会爱自己，并不是夜郎自大的无知和狭隘，而是源自对生命本身的崇尚和珍重。这可以让我们的生命更为丰满和健康；可以让我们的灵魂更为自由和强大；可以让我们在无房无居的时候，在内心建造起我们自己的宫殿，成为自己精神家园的主人。

精神氮泵

自爱是一切爱的基础，一个不懂得爱自己的人更加不会爱别人。

别在意别人的眼光

诗人汪国真在小诗《自爱》中写道："你没有理由沮丧 / 为了你是秋日 / 彷徨 / 你也没有理由骄矜 / 为了你是春天 / 把头仰 / 秋色不如春光美 / 春光也不比秋色强。"秋色与春光，在不同人的眼中有着不同的美丽；正如别人看你，有的人看到了你的优点，有的人看到了你的缺点，而有时候你竟忘了，正是这优点与缺点组合成了一个真实的你。

意大利著名女影星索菲娅·罗兰就是一个能够坚持自己的想法、有主见的人。她 16 岁时来到罗马，要圆自己的演员梦，但她从一开始就听到了许多不利的意见。用她自己的话说，就是她个子太高、臀部太宽、鼻子太长、嘴太大、下巴太小，根本不像一般的电影演员，更不像一个意大利式的演员。制片商卡洛看中她，带她去试了许多次镜头，但摄影师们都抱怨无法把她拍得美艳动人，因为她的鼻子太长、臀部太"发达"。卡洛对索菲娅说："如果你真想干这一行，就得把鼻子和臀部'动一动'。"索菲娅可不是个没主见的人，她断然拒绝了卡洛的要求，她说："我为什么非要长得和别人一样呢？我知道，鼻子是脸庞的中心，它赋予脸庞以性格，我就喜欢我的鼻子和脸保持它的原状。至于我的臀部，那是我的一部分，我只想保持我现在的样子。"她觉得不应靠外貌而应靠自己内在的气质和精湛的演技来取胜，她没有因为别人的议论而停下自己奋斗的脚步。她成功了，那些有关她“鼻子长，嘴巴大，臀部宽”等议论都消失了，这些特征因为她反而成了美女的标准。

索菲娅·罗兰在她的自传《爱情与生活》中这样写道：“自从我开始从事影视工作，我就出于自然的本能，知道什么样的化妆、发型、衣服和保健最适合我。我谁也不模仿，从不跟着时尚走。我只要求自己看上去就像我自己，非我莫属。挑选衣服的原理亦然，我不认为你选这个式样，只是因为伊夫·圣罗郎或第奥尔告诉你，该选这个式样。如果它合身，那很好；但如果有疑问，那还是尊重你自己的鉴别力，拒绝它为好。衣服方面的高级趣味反映了一个人健全的自我洞察力，以及从新式样中选出最符合个人特点的式样的能力。你唯一能依靠的真正实在的东西，就是你和周围环境之间的关系，你对自己的估计，

以及你愿意成为哪一类人的估计。”

“金无足赤，人无完人。”即使是全世界最出色的足球选手，10 次传球也有 4 次失误，最棒的股票投资专家也有马失前蹄的时候。我们每个人都不是完人，都有可能存在这样或那样的过失，谁能保证自己的一生不犯错误呢？只是程度不同罢了。

在世界上，没有任何一个人可以让所有人都满意。跟着他人眼光行动的人，会使自己的光彩逐渐暗淡。人要活就活在自己的心里，不必把别人的评论变成自己的负担。要知道，背上负担，人就很难轻松自在地远行。

人活着更需要充实自己，不要过于在乎别人的眼光，而忘了观照自己的内心。每个人都应该坚持走自己的道路，不要被他人的观点牵制。相信自己的眼睛、坚信自己的判断、执着于自我的选择，用敏锐的眼光审视这个世界，用心聆听、观察多彩的人生。

精神氮泵

别太在意别人的眼光，做自己生活的主角，活出真性情！

成为更好的自己

一个人必须有自己真正爱好的事情，才会活得有意思。这爱好应完全出于自己的真性情，是被事情本身的美好所吸引，而非为了某种利益。

萨特在拒绝诺贝尔文学奖时说：“当我在创作作品时，我已经得到了足够的奖赏，诺贝尔奖并不能够给它增加什么，相反地，它还会把我往下压。它对那些找寻被人承认的业余作家来说是好的，而我已经老了，我已经享受够了，我喜欢任何我所做的，它本身就是奖赏，我不想再要任何其他的奖赏，因为没有什么东西能够比我已经得到的更好。”

2002 年，梭罗博物馆通过互联网做了一个测试，题目是《你认为亨利·梭罗的一生很糟糕吗》。为了便于不同语种的人识别和点击，他们用 16 种语言给出了这个测试题。到 5 月 6 日（梭罗逝世纪念日），共有 467432 人参加了测试，其结果是：92.3%的人点击了“否”；5.6%的人点击了“是”；2.1%的人点击了“不清楚”。

这一结果出乎主办者的预料。大家都知道，梭罗毕业于哈佛大学，他没有像他的大部分同学那样，去经商发财或走向政界成为明星，而是选择了瓦尔登湖。他在那儿搭起小木屋，开荒种地，写作看书，过着原始而简朴的生活。他在世 44 年，没有女人爱他，也没有出版商赏识他，他生前在许多事情上很少取得成功。他一生都只是写作、静思，直到得肺病在康科德死去。

就是这样的一个人，世界上竟有那么多的人认为他的生活并不糟糕，是什么原因使他们羡慕梭罗呢？为了搞清楚其中的原因，梭罗博物馆在网上首先访问了一位商人。

商人答："我从小就喜欢印象派大师高更的绘画，我的愿望就是做一位画家，可是为了挣钱，我成了一位画商，现在我天天都有一种走错路的感觉。梭罗不一样，他喜爱大自然，就义无反顾地走向了大自然，他应该是幸福的。"

接着他们又访问了一位作家，作家说："我天生喜欢写作，现在我做了作家，我非常满意；梭罗也是这样，我想他的生活不会太糟糕。"后来他们又访问了其他一些人，比如银行的经理、饭店的厨师以及牧师、学生和政府的职员等。其中一位是这样给博物馆留言的："别说梭罗的生活，就是凡·高的生活，也比我现在的生活值得羡慕。因为他们没有违背上帝的旨意，他们都活在自己该活的领域，都做着自己天性中想做的事，他们是自己真正的主宰，而我却为了过上某种更富裕的生活，在烦躁和不情愿中日复一日地忙碌。"

一个人只有遵循自己内心的意愿生活，才能够感受到生命的价值和快乐，并从中发掘到一颗知足常乐的心。

被称为全能艺人的张艾嘉，在少女时代，几乎没有人认为她是美女，她的上镜机会很少；而当她静下心来，真正了解到

自己喜欢的东西是什么的时候，她慢慢开始绽放光芒。

在罗大佑的《童年》《恋曲 1990》等经典歌曲影响和感动一代人之前，他是学医的，后来他发觉自己对音乐情有独钟，所以他弃医从乐。事实证明，他的选择是对的。

每个人要使自己成为什么样的人，选择什么样的前途，要靠自己的行动。勇敢地做自己喜欢的事，无须渴望旁人的承认。只要坚持做自己喜欢的工作，去享受它，真心实意地对待它。让我们跟着心灵的节拍走，找到自己真正喜爱的事，放开手脚去追求……

精神氮泵

做你想做的事，说你想说的话，真实地面对自己，不要随波逐流。

第二章

不抱怨的世界

坏情绪有时无异于一场大火，会烧毁包括好东西在内的一切。坏情绪在导致别人遭殃的同时，也让自己变成了最大的受害者。转换情绪可以使自己冷静，然后做出正确的决定。

用行动为抱怨画上休止符

夏季的炎热不免引来些许的烦躁，于是人们开始抱怨天气。但仔细想想，同样的夏季、同样的燥热，小孩儿为什么那么高兴，玩得不亦乐乎呢？儿时，这燥热的夏天不正是我们进入快乐天堂的季节吗？我们顶着大太阳和小伙伴们一起四处捕蝉，在温热的河水里打滚……

不知外界的环境何时左右了我们的心情，生活中突然平添了许多烦恼。

为何不能像小时候那样，用自己的行动去改变现状呢？

两年前，李翔从外地到上海打工，起初，他和公司其他的业务员一样，拿很低的底薪和很不稳定的提成，每天的工作都非常辛苦。

当他拿着第三个月的工资回到家时，他向母亲抱怨说："公司老板太抠门了，给我们这么低的薪水。"

慈祥的母亲并没有问薪水具体是多少，而是问他："你为公司创造了多少价值？你拿到的与你给公司创造的价值是不是相符？"他没有回答母亲的问题，但从此他再没有抱怨过老板，也从不抱怨自己，有时甚至感觉自己这个月做的业绩太少，对不起公司给的工资，进而更加勤奋地工作。

两年后，他被公司提升为主管业务的副总经理，工资待遇提高了很多。

一天，他手下的几个业务员向他抱怨："这个月在外面风吹日晒，吃不饱，睡不好，辛辛苦苦，老板才给我 1500 元！你能不能跟老板提一提增加一些？"

他问业务员们："我知道你们吃了不少苦，应该得到回报，可你们想过没有，你们这个月每人给公司只完成了2000元业绩，公司给了你们1500元，公司得到的并不比你们多。”业务员都不再说话。

几个月之后，他手下的业务员成了全公司最优秀的员工，他也被老总提拔为常务副总经理，这时他才27岁。他去人才市场招聘时，凡是抱怨以前的老板没有水平、待遇太低的人一律不招，他说：“持这种心态的人，不懂得反思自己，只会抱怨别人。”

抱怨只是暂时的情绪宣泄，它可以成为心灵的麻醉剂，但绝不是解救心病的良方。

遇到问题时，抱怨是最坏的方法。

将抱怨化为上进的力量，才是面对困境的正确方法。

有人说，如果一个人在青少年时就懂得永不抱怨的价值，那实在是一个良好而明智的开端。所以，我们要时常提醒自己：与其抱怨，不如用行动来改善所不满的现状。

精神氮泵

与其消极地抱怨，不如用行动解决问题，积极地面对人生。

面对生活，用微笑驱散阴霾

池田大作论人生观时谈道：“一个人面对人生，带着豁达开朗的笑容，这便是太阳，并且我希望这笑容是发自内心的。以这样的方式生活，愉快的东西便会一天天积蓄于心中。反之，若只是注视着人类的阴暗面，结果只能使令人生厌的阴森森的世界在你的心中扩展，使自己陷于失败的境地。”

微笑着去唱生活的歌谣。不要抱怨生活给予我们太多的磨难，不要抱怨生命中有太多的曲折。大海如果失去了巨浪的翻滚，就会失去壮阔；沙漠如果失去了飞沙的狂舞，就会失去壮观；人生如果仅仅是两点一线的一帆风顺，生命也就失去了存在的魅力。

微笑着，把每一次的失败都归结为一次尝试，不自卑；把每一次的成功都想象成一种幸运，不自傲。微笑着弹奏从容的弦乐，坦然地面对挫折，接受幸福，品味孤独，战胜忧伤。

在夹江县美丽的青衣江畔，人们常会看到一位无臂少女骑着自行车行驶在通往训练场的路上，她就是雷庆瑶。1993 年，3 岁的雷庆瑶不慎触电，失去双臂。她痛过、哭过、闹过，但最后凭着惊人的毅力和对美好生活的渴望，用双脚写出了精彩的人生。她成了一名优秀的残疾人运动员，在四川省第六届残疾人运动会上夺得 4 银 2 铜，在全国残疾人游泳锦标赛上获得蝶泳 50 米第 6 名；她出演的电影《隐形的翅膀》感动了亿万观

众；上海世博会期间，雷庆瑶还用双脚表演了毛笔书法、绘画、绣花，博得了世界各地游客的赞叹。

手是我们飞向天堂的翅膀，没有了手，我们的生活怎么自理？而雷庆瑶却用自己的双脚改变了人生，甚至比一般人做得更好。

上苍夺去了雷庆瑶“飞翔的翅膀”，但夺不走她的梦想。生活中有许多像雷庆瑶一样遭遇过不幸的人，而雷庆瑶面对挫折时的笑容、面对生活时的积极与乐观，使她脱颖而出。

“每个人都有一双隐形的翅膀，用心凝望不害怕，终有一天会翱翔。让梦恒久比天长，留个愿望让自己想象。”每个人都应该像歌中唱的那样，张开我们隐形的翅膀，用微笑代替对挫折与苦难的抱怨。

精神氮泵

带着阳光般的笑容迎接人生征途中的艰难使命，不管成与败、苦与乐，只要坦然面对，总会展翅翱翔。

别让悲观挡住了生命的阳光

人生如棋，在生命的尽头才能看透结局，只要还活着，就有挽回败局的可能！当埋怨日子苦的时候，你有没有好好想想，在这些难熬的日子当中，你认真对待过几天？

有位旅行者倚着一棵树晒太阳，他衣衫褴褛，神情萎靡，不时有气无力地打着哈欠。

一位僧人经过，好奇地问道："年轻人，如此好的阳光，如此难得的季节，你不去做你该做的事，却在这里懒懒散散地晒太阳，岂不辜负了大好时光？"

"唉！"旅行者叹了一口气说，"在这个世界上，除了我自己的躯壳外，我已一无所有，又何必去费心费力地做什么事呢？每天晒晒我的躯壳，就是我要做的所有事。"

"你没有家？"

"没有。与其承担家庭的负累，不如干脆没有。"旅行者说。

"你没有你的所爱？"

"没有，与其爱过之后空余怨恨，不如干脆不去爱。"

"你没有朋友？"

"没有。与其得到还会失去，不如干脆没有朋友。"

"你不想去赚钱？"

"不想。千金得来还复去，何必劳心费神动躯体？"

“噢。”僧人若有所思，“看来我得赶快帮你找根绳子。”

“找绳子干吗？”旅行者好奇地问。

“帮你自缢。”

“自缢？”旅行者惊诧道。

“人有生就有死，与其生了还会死去，不如干脆就不出生。你的逻辑，存在本身就是多余的。”

旅行者无言以对。

“兰生幽谷，不因无人佩戴而不芬芳；月挂中天，不因暂满还缺而不自圆；桃李灼灼，不因秋节将至而不开花；江水奔腾，不因一去不返而拒东流。更何况是人呢？”僧人说完，拂袖而去。

这是一个悲观者的故事，他之所以孤独是因为他没有用心去生活，没有用心去爱，所以没有朋友，没有家人。他只活在自己的躯壳里，没有生命的律动。

沉浮动静皆人生，如果我们总用效益坐标来判断人生的状况，前进为正，后退为负，上升为优，下沉为劣，那么，我们就永远不能读懂人生。追求幸福的过程，才是最幸福的。既然每个人的未来结果是相同的，均为赤条条来去无牵挂，那么还不如在追求一切的过程中好好享受，这才不枉在尘世走一遭。

精神氮泵

生活中到处充满阳光，只是我们有时用悲观遮蔽了双眼，误以为人生灰暗。

第三章

拆掉心墙，才能放走“怪兽”

当你可以对自己说“我爱这世界，爱每一个人”的时候，其实你也正被这个世界和每一个人爱着。关爱就像那璀璨的星光，看似遥远，实则又那么亲近。

拆除冷漠的心墙，才能见到阳光

美国作家海明威曾说过：“谁都不是一座孤岛，自成一体。任何人的死亡都使我有所缺损，因为我与人类难解难分。所以，千万不要去打听丧钟为谁而鸣，丧钟为你而鸣。”人是一定要有一种联结感，这就是我们的命运。所以请收起冷漠的外表，找回关爱之心。

1935 年，时任纽约市市长的拉古迪亚，曾经在一个位于纽约贫民区的法庭上，旁听了一桩面包偷窃案的审理。

被控罪犯是一位老妇人，罪名为偷窃面包。在讯问她是否清白，或愿意认罪时，老妇人回答道：“我需要面包来喂养我那几个饿着肚子的孙子，要知道他们已经两天没有吃到任何东西了。”

审判长见市长在旁听，便答道：

“我必须秉公办事。你可以选择 10 美元的罚款，或者是 10 天的拘役。”

审判结束后，拉古迪亚从旁听席间站起身来，脱下帽子，往里面放进 10 美元，然后，面向旁听席上的其他人说：

“现在，请每个人捐出 50 美分。这是我们为我们的冷漠所付的费用，因为我们竟生活在一个要老祖母去偷面包来喂养孙子的城市与区域。”

没有人能够想象得出那一刻人们的惊讶与肃穆，在场的每一个人都默默无声地捐出了50美分。

老妇人看到孙子饿极了，才不得已去偷面包，可人们没有及时帮助她，反而将她告上了法庭，这是一种极大的冷漠。

在交往中，很多时候人们并不真诚，只是在应付。上班时，我们将自己关闭在一个狭小的空间内，只顾着忙自己的事情，懒得去关心别人；下班时，我们躲在自己的屋里，几乎不与邻居交谈。

寂寞时一个人寂寞，开心时一个人开心，这便是冷漠。现代社会中，人们冷漠地看待世间万物，好像世界上除了自己，别人都不重要。

一位建筑大师阅历丰富，一生杰作无数，但他自感最大的遗憾是把城市空间弄得支离破碎，楼房之间的绝对独立加速了都市人情的冷漠。

大师准备过完65岁寿辰就封笔，而在封笔之作中，他想打破传统的设计理念，设计一条让住户交流和交往的通道，使人们不再隔离，充满大家庭般的欢乐与温馨。

一位颇具胆识和有超前意识的房地产商很赞同他的观点，出巨资请他设计。图纸出来后，果然受到业界、媒体和学术界的一致好评。

然而，等大师的杰作变为现实后，市场反应非常冷淡，乃至创出了楼市新低。

房地产商急了，急忙进行市场调研。调研结果让人大跌眼镜，人们不肯掏钱买这种房的原因竟然是嫌这样的设计使邻里之间交往多了，不利于处理相互间的关系；在这样的环境里活动空间大，孩子不好看管；还有，空间一大，人员复杂，对防盗之类的事十分不利……

大师没想到自己的封笔之作会落得如此下场，心中哀痛万分，他决定从此隐居乡下。

临行前，他感慨地说："我只认识图纸不认识人，这才是我一生最大的败笔。"

其实，需要拆除的不是隔断空间的砖墙，而是人与人之间厚厚的心墙。

摒弃内心的冷漠，才能传达出我们投放在这个世界的温暖。用心为这个世界以及这个世界上的人们提供炽热的爱，才能让灵魂变得温润。

拆除冷漠的心墙，才能感受到温暖的阳光。

精神氮泵

与人交往，打开心窗，才能感受到阳光的温暖。

生命因关爱而轻舞飞扬

生活中，我们常常会遇见这样的人，他们长相平凡，却魅力十足，谈吐之间闪烁着温暖的光芒，总是轻而易举地把周围的人吸引到他们的身边。每次和他们聊过以后，我们就会觉得好像沐浴在一道温暖的阳光里。这便是爱的力量。

1942 年寒冬，纳粹集中营内，一个男孩儿正从铁栏杆内向外张望。恰好此时，一个女孩儿从集中营前经过。看得出，那女孩儿同样也被男孩儿的出现所吸引。为了表达她内心的情感，她将一个红苹果扔进铁栏。那是一个象征着生命、希望和爱情的红苹果。

男孩儿弯腰拾起那个红苹果，一束光照亮了他尘封已久的心田。第二天，男孩儿又到铁栏杆边，尽管为自己的做法感到可笑和不可思议，但他还是倚栏而望，企盼她的到来；年轻的女孩儿同样渴望能再见到那令她心醉的不幸身影，她来了，手里拿着红苹果。

接下来的那几天，寒风凛冽，雪花纷飞，两位年轻人仍然如期相约，通过那个红苹果在铁栏杆的两侧传递融融暖意。

这动人的情景又持续了好几天，铁栏杆内外两颗年轻的心天天渴望重逢，即使只是一小会儿，即使只有几句话。

终于，这样的会面潸然落幕。这一天，男孩儿眉头紧锁对心爱的姑娘说：“明天你就不用再来了，他们将把我转到另一个集中营去。”说完，他便转身而去，连回头再看一眼的勇气都没有。

从此以后，每当痛苦来临，女孩儿那恬静的身影便会出现在他的脑海中。她的明眸、她的关怀、她的红苹果，所有这些都在漫漫长夜给他带来慰藉、带来温暖。战争中，他的家人惨遭杀害，他所认识的亲人都不复存在，唯有这女孩儿的音容笑貌留存心底，给予他生的希望。

1957 年的某天，在美国，两位成年移民无意中坐到了一起。“大战时您在什么地方？”女士问。“那时我被关在德国的一个集中营里。”男士答道。

“哦！我曾向一位被关在德国集中营里的男孩儿递过苹果。”女士回忆道。

男士猛吃一惊，他问：“那男孩儿是不是有一天曾对你说，明天你就不用再来了，他将被转移到另一个集中营去？”

“啊！是的。可您怎么知道？”

男士盯着她的脸说：“那就是我。”

一阵沉默。

“从那时起，”男士说道，“我再也不想失去你。愿意嫁给我吗？”

“愿意！”她毫不犹豫地回答。

他们紧紧地拥抱在一起。

1996 年情人节。在温弗利主持的一个向全美播出的节目中，故事的男主人公在现场向人们表达了他对妻子 40 年忠贞不渝的爱。

“在纳粹集中营，”他说，“你的爱温暖了我，这些年来，是你的爱，使我获得滋养。现在我仍企盼你的爱能伴我到永远。”

红苹果，是生命的颜色，是希望的象征。女孩的明眸化作温暖的关怀，鼓励着男孩勇敢地活下去，终于，他们谱写了 40 年忠贞不渝的爱情。他们的故事像童话，却又那么的真实，生命因有了爱而更加富有，因付出了爱而更有价值。

精神氮泵

真正的关爱从心底发出，无须敷衍。

给心灵多一点儿阳光

关于幸福，每个人都有自己独特的解释和看法。在解读生命时，每个人也都有一套自己的生活哲学和处世智慧。作家焦桐说："生命不宜有太多的阴影、太多的压抑，最好能常常邀请阳光进来，偶尔也要释放真性情。"爱若是生命的原动力，那觉悟就是生命的源头，而幸福就是阳光，活着，就是要寻找属于自己的阳光。

二战后，很多国家发生了不同程度的经济危机。在美国一座繁华的城市里，有一条人来人往的街道，有一个盲乞丐每天都在街边坐着。他总是笑眯眯的，每当感觉有人走近时，他就会友好地跟他们打招呼。大家非常好奇，为什么这个盲乞丐每天都如此快乐，他难道不为乞讨不到更多的钱而忧愁，不为自己的境况而悲伤吗？于是，有人猜测，那个乞丐不是凡人，所以无忧无虑；也有人说，他可能是个疯人院的疯子。终于有一天，一个年轻的小伙子按捺不住自己的好奇心，上前询问盲乞丐为什么每天都如此开心。盲乞丐开心地笑了，他说："因为无论怎么样，我每天都能看到太阳从东方冉冉升起，看到世界是光明的，所以我就无比快乐。"小伙子很不解，又问道："您分明是个盲人，怎么能看到太阳升起呢？"那乞丐说："孩子，难道双目失明就无法感受到这世上的阳光了吗？"

人生快乐与否，其实是一种感觉、一种心情。外部环境是一回事，我们的内心又是另外一种境界。如果我们的内心觉得满足和幸福，我们就会快乐；如果我们的心中充满灿烂的阳光，外面的世界也就处处充满阳光。

生命通过不同形式的传达，产生了不同的人生境界。生命承受不起太多的阴影，我们应为自己的心灵敞开一扇门，让自己通向更高层次的觉悟，让自己的生命得到更多的能量，最后，获得成功的人生。

精神氮泵

幸福不在瞬间发生，也不受外在事物的操纵，而取决于我们对外界事物的理解，而每个人都是自我幸福的发掘者。

第四章

一任风吹过，闲似白云飘

古人说：“大度集群朋。”一个人若拥有宽宏的度量，他的身边便会集结起大群知心朋友。宽容是一种无声的凝聚力，一种你看不见，却强大到足以挽救一个人的灵魂的力量。

宽容自己，正视遇到的挫折

有人常常哀叹“人生苦短，人生一去不复返”，却从来不懂得善待自己，总是将自己逼得很紧很累，生怕生命潦草地度过。其实，有种幸福叫“宽容自己”，给自己松松绑，或许能让有限的生命在幸福中度过。

一天，一位老教授在王丽的班上说：“我有句三字箴言要奉送各位，它对你们的学习和生活都会大有帮助，而且可使人心境平和，这三个字就是‘不要紧’。”

王丽领会到那句三字箴言所蕴含的智慧，于是在笔记簿上端端正正地写下了“不要紧”三个大字，她决定不再让挫折感和失望破坏自己平和的心境。

后来，她的心态遭到了考验。她爱上了英俊潇洒的李刚，他对她很要紧，王丽确信他是自己的白马王子。可是有一天晚上，李刚温柔婉转地对王丽说，他只把她当作普通朋友。王丽以他为中心构想的世界当时就土崩瓦解了，那天夜里王丽在卧室里哭泣时，觉得记事簿上的“不要紧”那几个字看来很荒唐。“要紧得很，”她喃喃地说，“我爱他，没有他我就不能活。”但第二日早上王丽醒来再看到这三个字之后，就开始思考：到底有多要紧？李刚很要紧，自己很要紧，我们的快乐也很要紧，但自己会希望和一个不爱自己的人结婚吗？

日子一天天过去了，王丽发现没有李刚，自己也可以活得快乐。王丽觉得将来肯定会有另一个人进入自己的生活，即使没有，她也仍然能快乐。

几年后，一个更适合王丽的人出现了。在筹备婚礼时，她把“不要紧”这三个字抛到了九霄云外。她觉得不再需要这三个字了，她以后将永远快乐，生命中不会再有挫折和失望了。

然而，有一天，王丽和丈夫得到了一个坏消息：他们曾经投资做生意的所有积蓄，全部赔掉了。丈夫把消息告诉了王丽，她看到他双手捧着额头，感到一阵凄酸，心像扭作一团似的难受，王丽又想起那句三字箴言：“不要紧。”她心里想：“真的，这一次可真的是要紧！”可就在这时候，小儿子用力敲打积木

的声音转移了王丽的注意力。儿子看见妈妈看着他，就停止了敲击，对她笑着，那笑容真是无价之宝。王丽的视线越过儿子望向窗外，在院子外边，她看到了生机盎然的花园和晴朗的天空。她觉得自己的心顿时舒服了，于是她对丈夫说：“一切都会好起来的，损失的只是金钱，实在‘不要紧’。”

我们不能控制际遇，但可以掌握自己；我们左右不了变化无常的天气，却可以调整自己的心情；我们无法预知未来，却可以把握现在。常对自己说声“不要紧”，宽容命运，也宽容自己。

精神氮泵

看不开、放不开的不如忘记，因为有一种幸福叫“宽容自己”。

不要总是将自己摆在首位

探戈舞姿好看，但要跳好探戈绝非易事，探戈讲求韵律节拍，双方脚步必须高度协调，这需要和同伴相互磨合，苦练数年才能达到炉火纯青的境界。

处世与跳探戈有着许多异曲同工之处，亲子、朋友、同事之间，如果能用跳探戈的方式相处，知道适时进退，不要踩到对方的脚，且留意不让对方踩到自己的脚，这样，人与人之间就能和谐相处。

“我约好大家星期六一起去吃日本料理喔！”文文的朋友兴高采烈地打电话来约她。

文文说：“我帮大家订另外一家新开的法国菜餐厅好不好？我不太习惯吃日本料理。”

“这样啊，那么改天大家去吃法国菜的时候再约你啊！”

“好啊，谢谢你！”文文笑着说。

其实，是两天前的一个教训，让文文改掉了直接拒绝别人的坏习惯。

那天，同事约文文一起去吃海鲜，文文却大声说：“吃海鲜？我没有兴趣。”

结果，同事像被泼了一盆冷水，异常尴尬。还好同事大度，没有计较，还告诉文文：“以后别这样总把自己的喜恶摆在最重要的位置。要知道，你刚才的回答，很像一把大刀向我刺来。还好，我皮厚，没有受伤。”

“对不起！对不起！我以后会注意的。作为赔偿，今晚我请你吃饭，你想吃什么？”文文也觉得自己言行不妥，赶忙道歉。

“既然你要请客，那么你做主吧！我只负责吃。”同事回答。

生活中，我们常常会遇到这种情况，被人邀请吃饭，而自己很忙或没有胃口，想找理由拒绝，却常常一不小心伤到对方。

其实，只要我们把自己的情况委婉地说出来，朋友们都会理解的。

我们希望别人善待自己，就要首先善待别人，要将心比心，多给别人一些关怀、尊重和理解。人喜欢和宽容厚道的人交朋友，正所谓“宽则得众”。

在交往中，我们对他人的要求不能太过分，不能强求于人，能让人时且让人。如果别人犯了错误，我们也不要嫌弃，要原谅别人的过失。

精神氮泵

我们希望别人善待自己，就要首先善待别人。

多念一遍“糊涂经”

所谓糊涂，就是不用想太多，不计较得失，纠缠于得失是人生的负担、枷锁。糊涂的人往往很快乐，他们不必费尽心机便可得到幸福，可以随时享受阳光。太过理性的人总是追着幸福跑，却是用尽全力也抓不住飘忽不定、转瞬即逝的幸福。

生活里难免有些摩擦，比如陌生人在地铁里挤到了你、同事不小心打碎了你的玻璃杯、朋友不经意地说了你不爱听的话……人生难免会遇到受气的时候，而受的气就好比是苦涩的良药，虽苦涩，却有益。聪明的人懂得什么时候应该故作糊涂，对别人的挑衅装聋作哑，韬光养晦。他们善于隐藏自己的锋芒，不与人争，低调如水，容纳一切。

眼中有日月，照清天下之事；腹中有乾坤，容天下难容之人。假如对生活中发生的每件事，我们都斤斤计较，那既无好

处，又无必要，而且还将丧失生活的诗意。

某家政学校的最后一门课是“婚姻的经营和创意”，主讲老师是学校特聘的一位研究婚姻问题的教授。他走进教室，把携带的一叠图表挂在黑板上，然后，他指着第一张挂图，上面用毛笔写着一行字：

婚姻的成功取决于两点：一是找个好人；二是自己做一个好人。

“婚姻的成功就这么简单，至于其他的秘诀，我认为如果不是江湖偏方，也至少是些老生常谈的。”教授说。

台下有许多学生是已婚人士，不一会儿，一位30多岁的女子站了起来，说：“如果这两条都没有做到呢？”

教授翻开挂图的第二张，说：“那就变成4条了。”

第一，容忍、帮助，帮助不好仍然容忍。

第二，使容忍变成一种习惯。

第三，在习惯中养成傻瓜的品性。

第四，做傻瓜，并永远做下去。

教授还未把这4条念完，台下就喧哗起来，有的说不行，有的说这根本做不到。

等大家静下来，教授说：“如果这4条做不到，你又想有一个稳固的婚姻，那你就得做到以下16条。”

接着教授翻开第三张挂图。

第一，不同时发脾气。

第二，除非有紧急事件，否则不要大声吼叫。

第三，争执时，让对方赢。

…………

教授念完，有些人笑了，有些人则叹起气来。教授听了一会儿，说：“如果大家对这 16 条感到失望，那只有做好下面的 256 条了。总之，两个人相处的理论是一个几何理论，它总是在前面那个数字的基础上进行二次方。”

接着教授翻开挂图的第四页，这一页已不再是用毛笔书写，而是用钢笔密密麻麻地写了 256 条，教授说：“婚姻到这一地步就已经很危险了。”

无疑，从精明到糊涂是一种艰难的选择，意味着我们必须要有所放弃。人可以做到两种糊涂，一是没有心计、乐天知命的真糊涂，二是大智若愚的假装糊涂。所以，在一些非原则性的问题上，不妨糊涂一下，以恬淡平和的心境来经营你的婚姻。

常言道：“花要半开，酒要半醉”，因为鲜花盛开娇艳的时候，也就是衰败的开始；“形醉而神不醉”，“醉”只是迷惑对手的手段，人生也是这样，要学会“装醉”。

精神氮泵

难得糊涂，给爱一个容器，装下烦恼，装下忧愁，装下矛盾。

遗忘过去也是一种本领

遗忘是一种能力，对已经过去的无关紧要的事，要健忘一点儿。及时将这些东西像清理电脑病毒一样清除出去，不让它们在大脑中占用空间，否则就会死机，就得重装系统程序。一个人学会遗忘，就学会了如何健康地生活，就能让自己精力充沛地面对现在。

瑞典著名心理学家拉尔森说过这样一句话："心里存在'毒素'的人永远不会感觉到生活的美好，而排除'毒素'的最好方法就是学会遗忘。"

生命中，遗忘该遗忘的，保持心灵的宁静，轻松地活着总比带着怨恨活着好。我们是为了关心我们的人、为了我们自己而活着的，不是为了伤害我们的人而活。活着已经很好了，就让往事都随风而去吧。当然，发自内心地直面自己过去生活中所犯的错误、承认错误需要勇气，更是一种自知之明。承认错误并不是要我们惭愧，而是为了记住那些前车之鉴，以便更好地过今后的生活。

关心那些值得我们去爱的人，学会遗忘，就能体会到现在的美好。幸福不会因为你"无法遗忘"而驻足，勇敢地对自己说："一切其实都没有什么大不了的，如果无法放下，就选择淡忘。"

在现实生活中，我们常会看到这样一种现象：有些人记忆力总是特别好，把一些鸡毛蒜皮、零零碎碎的事都记得一清二楚，对什么事都斤斤计较、耿耿于怀，结果总是活得很不开心；一些人则看得很开，该忘的统统都忘记，精力充沛、朝气蓬勃、身心健康，为什么不像后者那样，活得快乐一点儿呢？遗忘不仅是一种风度，还是一种健康的生活方式。

精神氮泵

为自己、为关心我们的人而活，不要为了伤害我们的人而活，放下过去，才能重新开始。

第五章

处世，要“行方”而“智圆”

生命中有两个目标：第一是追求你所要的；第二是享受你追求的过程。达到第二个目标的人无不是有着柔和性灵的人。不要以为做了惊天动地的事情，才是最光荣的。其实，珍惜每一天的阳光，善待每一种生命，开心地过每一天的生活，才是对生命最好的理解，才是柔性处世哲学。

多一点儿方圆，多一点儿韧性

人活在世上，无非是面对两大世界，身外的大千世界和自己的内心世界。人一辈子无非是做两件事，做事和做人。而怎么做事和怎么做人，从古到今都是人类探讨的课题。

做事要方，是说做事要遵循规矩、遵循法则，绝不可乱来，绝不可越雷池一步，就是我们常说的“无规矩不成方圆”“有所不为才可有所为”。

做人要圆，这个圆绝不是圆滑世故，更不是平庸无能。而是圆通，是宽厚、融通，是大智若愚，是心智高度健全的成熟。不因洞察出别人的弱点而咄咄逼人，不因自己比别人高明而盛气凌人；任何时候也不会因坚持自己的个性和主张让人感到压迫和惧怕；任何情况都不会随波逐流，要潜移默化别人而又不会让别人感到是强加于人……这需要极高的素质，很高的悟性和技巧，也是高尚人格的体现。

有一个人在社会上总是不得志，朋友介绍他向一位得道大师寻求帮助。他找到大师，倾吐了自己的烦恼。大师沉思了一会儿，默然舀起一瓢水，说："这水是什么形状？"这人摇头："水哪有形状呢？"大师不答，只是把水倒入一只杯子，这人恍然大悟，道："我知道了，水的形状像杯子。"大师不语，轻轻地拿起花瓶，把水倒入其中，这人又道："哦，难道说这水的形状像花瓶？"大师摇头，轻轻提起花瓶，把水倒入一个盛满花土的盆中。水很快就渗入土中，消失不见了，这人陷入了沉思。这时，大师俯身抓起一把泥土，叹道："看，水就这么消逝了，这就是人的一生。"

那个人沉思良久，忽然站起来，顿悟似的，说："我知道了，您是想通过水告诉我，社会就像一个有规则的容器，人应该像水一样，在什么容器之中就像什么形状。而且，人还极可能在一个规则的容器中消失，就像水一样，消失得迅速、突然，而且一切都无法改变。"

这人说完，眼睛急切地盯着大师，渴盼着大师的肯定。“是这样，”大师微笑，接着说，“又不是这样！”说毕，大师出门，这人随后。

在屋檐下，大师俯下身，用手在青石板的台阶上摸了一会儿，在一个凹陷处顿住。大师说：“下雨天，雨水就会从屋檐上落下。你看，这个凹处就是雨水落下的结果。”于是此人大悟：“我明白了，人可能被装入规则的容器，但又可以像这小小的雨滴，改变坚硬的青石板，直到把石板破坏。”大师点头微笑。

做人当如水般柔软又坚硬，在应对社会生活时，要掌握要点；抓不住要点，再努力也是白费力气。多一点儿方圆，多一点儿韧性，便能在人生的舞台上游刃有余。

精神氮泵

做人当如水，要柔中带刚，刚里带柔，方里见圆，圆中显方。

赞美要及时

著名的心理学家杰丝·雷耳曾说过:“称赞对温暖人类的灵魂而言，就像阳光一样，没有它，我们就无法成长开花。但是我们大多数的人，只忙于躲避别人的冷言冷语，而吝于把赞许的温暖阳光给予别人。”

也许你坚持追求完美、优秀，不愿意轻易放弃自己的原则，但如果你渴望拥有朋友，那你就需要更多地把目光放在别人的优点上。

理发师傅带了一个徒弟。徒弟学艺 3 个月后，正式上岗，他给第一位顾客理完发，顾客照照镜子说:“头发留得太长。”徒弟一时张口结舌。

师傅在一旁笑着解释:“头发长，显得您含蓄，这叫藏而不露，很符合您的身份。”顾客听罢，高兴而去。

徒弟给第二位顾客理完发，顾客照照镜子说:“头发剪得太短。”徒弟更加手足无措，不知如何应答。

师傅笑着解释:“头发短，使您显得精神、朴实、厚道，让人感到亲切。”顾客听了，欣喜而去。

徒弟给第三位顾客理完发，顾客一边交钱一边笑道:“花的时间挺长的。”徒弟仍旧无言。

师傅笑着解释:“为‘首脑’多花点儿时间很有必要，您没听说，‘进门苍头秀士，出门白面书生？’”顾客听罢，大笑而去。

徒弟给第四位顾客理完发，顾客一边付款一边笑道：“动作挺利索，20分钟就解决问题。”

徒弟依旧不知所措，沉默不语。

师傅笑着答：“如今，时间就是金钱，‘顶上功夫’速战速决，为您赢得了时间和金钱，您何乐而不为？”顾客听了，欢笑告辞。

晚上打烊，徒弟怯怯地问师傅：“您为什么处处替我说话？而我没一次让顾客满意。”

师傅宽厚地笑道：“每一件事都包含着两重性，有对有错，有利有弊。我之所以在顾客面前鼓励你，目的有二：其一，对顾客来说，是讨人家喜欢，因为谁都爱听吉言；第二，对你而言，既是鼓励又是鞭策，因为万事开头难，我希望你以后把活儿做得更加漂亮。”

徒弟很受感动，从此，他越发刻苦学艺，技艺日益精湛。

师傅的聪慧在于掌握顾客的特征，把握赞美的度，并及时传达赞美的语言。徒弟刻苦学习，是因为得到了师傅的肯定评价，于是怀着快乐的心情来回报师傅对他的期待，这正是赞美的力量！

精神氮泵

赞美可以说是人际交往中最便宜的“投资”，但赞美要像快递一样，在对的时间向对的人传递。

懂得低调的哲学，人生何必走偏锋

低调的人，有静若处子、动若脱兔的机敏；低调的人，温润如玉，暖人心窝；低调的人，不会献媚于人，重视自己的尊严；低调的人，不会颐指气使，知道尊重别人，道路会更宽阔。

闻名世界的大科学家爱因斯坦就是一个做人低调、处世简单的人。由于爱因斯坦平时的着装和修饰过于简朴，有一次去参加演讲时，负责接待工作的人竟然把他的司机当作他本人，而把他当成了司机。他初到纽约时，身穿一件破旧的大衣，一位熟人劝他换件新的，爱因斯坦十分坦然地说："这又何必呢？在纽约，反正没有一个人认识我。"过了几年之后，爱因斯坦已成了无人不晓的大名人，这位熟人遇到了爱因斯坦，发现他身上还是穿着那件旧大衣，便又劝他换件好的，谁知爱因斯坦却说："这又何必呢？在纽约，反正大家都认识我。"

爱因斯坦从不摆世界名人的架子，吃东西非常随便，推导和演算公式常常用信纸的背面，并且，他还经常穿着凉鞋和运动衣登上大学讲坛，或出入上流社会的交流场合。有一次，总统接见他，他居然忘了穿袜子，但这并不影响他在总统和人民心目中的伟大形象。

大丈夫有起有伏，能屈能伸。起，就直上九霄；伏，就如龙在渊。漫漫人生路，有时退一步是为了越过千重山，或是为了破万里浪；有时低一低头，是为了昂扬成擎天柱，也是为了响成惊天动地的风雷。

在职场中，升迁要低调，不要太招摇。现代人讲究分享，我们在升迁时更不可以独居功劳，要把成就归于所有的人。一个人的本领大小不在于能力强弱，而在于能否和谐地与人相处。

不论做什么，自然一点儿就好，无须太沉默，亦无须太张扬。当你经历的事情多了，处理的事情多了，慢慢地，你也就懂得了怎么做人，懂得了什么时候该沉默一点儿、什么时候该张扬一些。

精神氮泵

放低姿态做人，才能给自己涂一层“保护色”！

第六章

生命的精彩不全在追寻，也在守候

孤独是一种状态，寂寞是一种心境。寂寞的面前你可以照见自己、发现自己，你可以在寂寞的围护中和自己对话，和另一个“自己”对话，因为那是真正的独白。

生命要耐得住寂寞

孤独是一种状态，寂寞是一种心境。

寂寞如一面镜子，人们通过它可以照见自己、发现自己。

季羡林曾写过一篇散文《马缨花》，描绘了自己对寂寞的体味：“曾经有很长的一段时间，我孤零零一个人住在一个很深的大院子里。从外面走进去，越走越静，自己的脚步声越听越清楚，仿佛从闹市走向深山。等到脚步声成为空谷足音的时候，我住的地方就到了。”

20 世纪 30 年代，季羡林独自一人前往德国求学，对故乡及亲人的思念只能深埋心中。但在德国十余年间，他没有被寂寞打垮，从最开始的人生地不熟，到后来的慢慢适应，潜心求学，屡遇良师，学识大有长进，人生阅历也有所增多，只是身边少了亲人的陪伴。即使回国之后，由于工作原因，季羡林多半也是过着独身生活，直到 1962 年，妻子彭德华从济南搬到北京来，季羡林数十年的单身生活才算结束，他说："总算是有了一个家。"

季羡林从来没有把寂寞当作问题，而是在与寂寞相处的同时，丰富自己的内心。现在许多人抱怨生活的压力太大，内心感到烦躁、不得清闲，于是，追求清静成了他们的梦想，但他们又害怕寂寞，想尽办法逃离。

刚刚大学毕业的小张是从农村出来的，开始走上工作岗位时拿到的薪水还算不错。但是，他给自己施加的心理压力很大。因为他从小家境贫寒，父母终日在田地里辛苦耕作，用省吃俭用积攒下来的钱供他读书，因此他一直希望能够有朝一日在城里买房接父母来住。虽然他的生活已经很节约了，但是每月将房租、饭钱、交通费、通讯费等这些生活必需费用扣除之后，几乎所剩无几。而城里的房价飞涨，物价也在上涨，使他心境难以平静。这使得他萌生了跳槽的念头，于是他开始四处搜集招聘信息，希望能够跳到一家薪水更高的公司。

可以想象，他有了这个念头，就很难专心工作。不久，他的上司就觉察到他的问题，他做的方案漏洞百出、毫无新意，甚至出现很多错别字，明显看出是在敷衍了事，没有用心去做。于是，上司找他谈话，不料刚批评几句，小张不仅没有承认自己的问题，反而质问上司："你给我这么点儿薪水，还希望我能做出什么高水平的方案来！"上司这才意识到，小张原来的情绪源自薪水低。他并没有生气，反而平静地告诉小张："公司里的薪水并不是一成不变的，只要你做出了业绩，薪水自然会上去的。真正决定你薪水的不是公司也不是老板，而是你自己。"但是，小张根本听不进去，一怒之下，刚工作不到半年的他毅然决定辞职不干了。

辞职后，他开始专心找薪水高的工作，凭着他的聪明才智，他很快又应聘到另外一家公司，这家公司的薪水比之前的公司高出了 1000 元，这让小张庆幸自己的跳槽非常明智。刚工作 3 个月，小张偶然从同事那里了解到，同行业里的另一家公司薪水普遍要比现在的公司高。这使小张本来平静的心又一次地波动起来，他又开始关注另外一家公司的消息。本来他所在的公司打算委任一项重要的项目给他，要出差到外地的分公司半年，虽然辛苦，但是能够为他以后在公司的晋升奠定基础。

但是，小张一心想要跳到另一家公司，根本无心继续待下去，拒绝了这个在别人看来千载难逢的好机会。于是，小张在公司老板的眼里留下了不思进取的印象。金融危机袭来的时候，公司裁员，小张不幸被裁掉。当他再去找工作的时候，几乎所有的公司都会问他同一个问题："为什么你在不到一年的时间里

就换了 3 份工作？”

生活的压力和尽早出人头地的念头，让小张变得浮躁，耐不住低薪的寂寞。如果能暂时放下心中的惦念，真心体味，其实寂寞并不可怕，工作上的寂寞至少能让我们意识到自我的存在，明白什么是自己真正想要的。

耐得住寂寞是一种难得的品质，它不是与生俱来的，而是需要长期的艰苦磨炼和不断的自我修养、完善。耐得住寂寞是一种有价值、有意义的积累，耐不住寂寞则是对宝贵人生的挥霍。

精神氮泵

在耐得住寂寞的时间里成就非凡的人生。

让人生的美景为你停留

“我这两年一直心神不定，老想出去闯荡一番，总觉得在我们那个破单位待着憋闷得慌。看着别人房子、车子、票子都有了，心里慌啊！以前也做过几笔买卖，都是赔多赚少。我去摸奖，一心想成个暴发户，可结果花几千元连个声响都没听着，就没有影儿了。后来又跳了几家单位，不是这个单位离家太远，就是那个单位专业不对口，再就是待遇不好，反正找个合适的工作很难啊！天天像无头苍蝇一般，我心里很不踏实，闷得慌。”我们身边有很多这样的面对前途心神不宁、焦躁不安的人，这是现代人典型的躁动心理。其实，心稳了，人生也就稳了。

静心就是让心安静下来。

佛家说：“静心投入乱念里，乱念全入静心中。”静心仿佛明矾，投入乱念的污水之中，霎时污垢沉淀，清澈见影。儒家说：“定而后能静，静而后能安，安而后能虑，虑而后能得。”心是我们身体的王，具有至高无上的指挥权。

父子俩一起耕作一片土地。一年一次，他们会把粮食、蔬菜装满那老旧的牛车，运到附近的镇上去卖。但父子二人相似的地方并不多，老人家认为凡事不必着急，而年轻人则性子急躁、野心勃勃。

一天清晨，他们套上牛车，载满一车子的粮食、蔬菜，开始了旅程。儿子心想他们若走快些，当天傍晚便可到达市场。于是他不停地催赶拉车的牛，要牲口走快些。

“放轻松点儿，儿子，”老人说，“这样你会活得久一些。”

“可是我们若比别人先到市场，我们便有机会卖个好价钱。”儿子反驳道。

父亲不回答，只把帽子拉下来遮住双眼，在牛车上睡着了。儿子很不高兴，越发催促牲口走快些。他们在快到中午的时候，来到一间小屋前面，父亲醒来，微笑着说：“这是你叔叔的家，我们进去打声招呼。”

“可是我们已经慢了半个时辰了。”儿子着急地说。

“那么再慢一会儿也没关系。我弟弟跟我住得这么近，却很少有机会见面。”父亲慢慢地回答。

儿子生气地等待着，直到两位老人悠闲地聊足了半个时辰，才再次启程。这次轮到老人驾牛车，走到一个岔路口，父亲把牛车赶到右边的路上。

“左边的路近些。”儿子说。

“我晓得，”父亲回答，“但这边路的景色好。”

“你不在乎时间？”儿子不耐烦地说。

“噢，我当然在乎，所以我喜欢看漂亮的风景，把时间都用来享受。”

蜿蜒的道路穿过美丽的牧草、野花，经过一条清澈河流——这一切儿子都视而不见，他心里十分焦急，他甚至没

有注意到当天的日落有多美。

他们最终也没有在傍晚前赶到。黄昏时分，他们来到一个宽广、美丽的大花园，老人呼吸芳香的气味，聆听小河的流水声，把牛车停了下来，说："我们在此过夜好了。"

"这是我最后一次跟你做伴儿，"儿子生气地说，"你对看日落、闻花香比赚钱更有兴趣！"

"对，这是你这么长时间以来所说的最好听的话。"父亲微笑着说。

几分钟后，父亲开始打呼噜，儿子则瞪着天上的星星，长夜漫漫，好久都睡不着。天不亮，儿子便摇醒父亲。他们马上动身，大约走了一里路，遇到一个农民正试图把牛车从沟里拉上来。

“我们去帮他一把。”父亲低声说。

“你想浪费更多时间？”儿子有点儿生气了。

“放轻松些，孩子，有一天你也可能掉进沟里。不要忘了，我们要帮助有需要的人。”

儿子生气地扭头看着一边。

等到这一辆牛车回到路上时，已是天大亮了。突然，天上闪出一道强光，接下来似乎是打雷的声音，群山后面的天空变得一片黑暗。

“看来城里在下大雨。”父亲说。

“我们若是赶快些，现在大概已把货卖完了。”儿子大发牢骚。

“放轻松些，这样你会活得更久，你会更享受人生。”

到了下午，他们才走到俯视城镇的山上。站在那里，看了好长一段时间，两人都不发一言。

终于，儿子把手搭在父亲的肩膀上说：“爸，我明白您的意思了。”

他把牛车掉了个头，离开了那个从前叫作广岛的地方。

“放轻松些，这样你会活得更久，会更享受自己的人生。”这是父亲对儿子说的话，其实，从旅途一开始，父亲就在不断地暗示儿子静下心来，看看周边的风景。只是儿子急于卖货，只看到路途的长短。

一个富翁提供了非常优厚的一份奖金，希望有人能画出最平静的画，以便自己在心情烦躁时能拿来缓解情绪。许多画家都来尝试，富翁看完所有的画，只有两幅他最喜欢。

一幅画是一个平静的湖，湖面如镜，倒映出周围的群山，上面点缀着如絮的白云，大凡看到此画的人都同意这是描绘平静的最佳图画。

另一幅画有山，但都是崎岖和光秃的山，上面是愤怒的天空，下着大雨，雷电交加。山边翻腾着一道涌起泡沫的瀑布，看来一点儿都不平静。但当富翁靠近看时，他看见瀑布后面有一个小树丛，其中有一个母鸟筑成的巢。在怒奔的水流中间，母鸟坐在它的巢里——完全平静。

富翁选择了后者，奖金给了画这幅画的画家。

富翁在选择画作的时候，已经读懂了画家的意思：真正的平静来自内心，与外在的环境无关。

当你的内心处于平静时，你看青山，青山会给你力量；你凝望山谷，每一片叶子都在向你讲述生命的秘密；你望蓝天，会看见云彩变幻成永恒的城堡；你听溪水潺潺，好像向你细诉每一颗水滴的故事……

精神氮泵

一个人想退到更安静、更能免于困扰的地方，莫过于退入自己的灵魂里面，特别是沉浸在平静无比的思绪里。

生命就在一呼一吸间

生命究竟是什么？有人说是一个等死的过程，如果是这样，生命的意义何在？既然知道最终的归途都是从这个世界消失，那为什么我们还要滋补身体，保全生命？因为在这一呼一吸的生命之中，有着生的喜悦与失去的痛苦，有幸福的美妙感觉……

一天，大师把弟子们叫到跟前，问道："你们说说，你们天天吃饭，究竟是为了什么？"

"师尊，这是为了滋养身体，保全生命啊。"弟子们几乎不假思索地说。

"那么，肉体生命到底能维持多久呢？"大师接着问。

"有情众生的生命平均起来大约有几十年吧。"一个弟子迫不及待地回答。

"你并没有明白生命的真相到底是什么。"大师听后摇了摇头说。

另外一个弟子想了想又说："人的生命在春夏秋冬之间，春夏萌发，秋冬凋零。"

大师还是笑着摇了摇头说："你虽觉察到了生命的短暂，但只是看到生命的表象而已。"

"师父，我想起来了，人的生命在于饮食之间，所以才要吃饭呀！”又一个弟子一脸欣喜地答道。

“不对，不对。人活着不只是为了吃饭呀！”大师又加以否定。

弟子们面面相觑，一脸茫然，又都在思索答案。

这时，一个烧火的小弟子怯生生地说道：“依我看，人的生命恐怕是在一呼一吸之间吧！”

大师听后连连点头微笑。

德国画家里克特曾讲过这样一个故事：

新年的夜晚，一位老人伫立在窗前。他悲戚地举目遥望苍天，繁星宛若玉色的百合漂浮在澄静的湖面上。老人又低头看看地面，几个比他自己更加无望的生命正走向它们的归宿——坟墓。

年轻时代的情景浮现在老人眼前，他回想起那庄严的时刻，父亲将他置于两条道路的入口——一条路通往阳光灿烂的升平世界，田野里丰收在望，柔和悦耳的歌声四方回荡；另一条路却将行人引入漆黑的无底深渊，从那里流出来的是毒液而不是泉水，蟒蛇到处蠕动，吐着舌剑。

老人仰望夜空，苦恼地失声喊道：“青春啊，回来！父亲哟，把我重新放回人生的入口吧，我会选择一条正路的！”可是，父亲以及他自己的青春都一去不复返了。

他看见阴暗的沼泽地上空闪烁着幽光，那光亮游移明灭，瞬息即逝，那是他轻抛浪掷的年华；他看见天空中一颗流星陨落下来，消失在黑暗之中，那是他自身的象征，徒然的懊丧像一支利箭射穿了老人的心脏。他记起了早年和自己一同踏入社会的伙伴们，他们走的是高尚、勤奋的道路，在这新年的夜晚，载誉而归，无比快乐。

高耸的教堂里的钟响了，钟声使他回忆起儿时双亲对他这浪子的疼爱。他想起了困惑时父母的教诲，想起了父母为他的幸福所进行的祈祷，强烈的羞愧和悲伤使他不敢再多看一眼父亲居留的天堂。老人的眼睛黯然失神，泪珠潸然坠下，他绝望地大声呼唤：“回来，我的青春！回来呀！”

老人的青春真的回来了。原来，刚才那些只不过是他在新年夜晚打盹时做的一个梦。尽管他犯过一些错误，但眼下还年轻，他虔诚地感谢上天，时光仍然是属于他的。

这是一个返老还童的梦，而现实中人生的入口只有一个，只能进入一次。生命的时光属于自己，在出发之前我们要认定前行的方向，像向日葵一样，迎着太阳，开出最灿烂的花。

精神氮泵

生命就在一呼一吸之间，学会专注，更要懂得坚持。

为心灵找一个更好的出口

在回首往事的时候，我们才发现曾经以为最重要的事和物都已经变得不那么重要，甚至有些都已经被遗忘了。

有一天，珍妮整理旧物，偶然翻出几本过去的日记。日记本的纸张有些发黄了，字迹透着年少时的稚嫩。她随手拿起一本翻看："今天，老师公布了期末成绩，我万万没有想到，我竟然考了第五名，这是我入学以来第一次没有考第一，我难过得哭了，晚饭也没有吃，我要惩罚自己，永远记住这一天，这是我一生最大的失败和痛苦。"看到这里，珍妮自己忍不住笑了，她已经记不得当时的情景了，也难怪，自离开学校后这十几年所经历的失败与痛苦，哪一件不比当年没有考第一更重要呢？

翻过这一页，再继续往下看。

"今天，我非常难过，我不知道妈妈为什么那样做？她究竟是不是我的亲妈妈？我真想离开她，离开这个家。过几天就要选择大学了，我要申请其他州的大学，离家远远的，我走了以后再不回这个家了！"

看到这儿，珍妮不禁有些惊讶，努力回忆当年，妈妈做了什么事让自己那么伤心难过，却怎么也想不起来。又翻了几页，都是些现在看来根本不算什么的事，可是在当时却感到"非常难过""非常痛苦"或"非常难忘"，看了觉得好笑。珍妮放下这本又拿起另一本，翻开，只见扉页上写着："献给我最爱的人——你的爱，将伴我一生！我的爱，永远不会改变！”

看了这一句，珍妮的眼前模模糊糊地浮现出一个男孩儿的身影。曾经她以为他就是自己生命的全部，可是离开校门以后，他们就没有再见面，她不知道他现在在哪儿，在做什么，她只知道他的爱没有伴自己一生，而她的爱，也早已经改变。

时间可以淡化一切，可以包容一切，失败都可以转化为成功，痛苦也可以转化为幸福的记忆。所以，无论遭遇什么样的挫折和变故，我们都要以轻松、豁达的心态来看待。

当你遇到困难与不幸的时候，不要太悲观，应从另外的角度去想想，那些困难只不过是在考验你；当你遇到不幸的时候，不要去怨恨别人，也不要觉得老天对你不公平，你应该想想这个世界上比你不幸的人还有许多，你可能是幸运的了。

在遭受打击、挫折的时候，试着换个角度去思考、去看待。或许一个良好的心态，能使你的心灵得到一丝安慰，或许你遭受的事情并不一定就是坏事，而是一个好的开端。

精神氮泵

时间可以包容一切，为自己的心灵找一个更好的出口。

第七章

平和淡然，悄然开启内心暖流

不论你的生活如何卑微，你都得面对与度过，不要逃避，也不要以恶言相加。快乐只是一个角度问题，找对了方向，你就能笑着面对一切。

幸福，源自内心的简约

梭罗在《瓦尔登湖》中说："我来到森林，因为我想悠闲地生活，只面对现实生活的本质，并发掘生活意义之所在。我不想当死亡降临的时候，才发现我从未享受过生活的乐趣。我要充分享受人生，吸吮生活的全部滋养。"

梭罗走进山林，脱离了复杂的外部世界，让自己置身于一种最简单、最自然的生活中。在大自然的启发下，在宁静的湖光山色中，他发现了很多原来未曾发现的生命的秘密。古往今来，那些真正健康长寿的人，那些人格高尚、具有爱心、在事业上有所建树、给人类社会留下精神财富的人，无不生活简

朴，思想单纯专一。

在世人眼里，他们看起来也许并不怎么聪明，甚至会有些傻里傻气，实际上他们是大智若愚，自觉地淘汰了对他们来说是多余的东西罢了。

有一本美国诗人的传记中记载着这样一位行吟诗人：

他一生都住在旅馆里，拒绝房子等他认为是负担的东西，不断地从一个地方旅行到另一个地方。他的一生都是在路上，在各种交通工具和旅馆中度过的。当然，他并不是没有能力为自己买一座房子，这是他选择的生存方式。后来，政府鉴于他为文化艺术所作的贡献，也鉴于他已年老体衰，决定免费为他提供住宅，但他还是拒绝了，理由是他不愿意为房子之类的麻烦事情耗费精力。就这样，这位特立独行的行吟诗人，在旅馆和路途中度过了自己的一生，直到90多岁时逝世。他死后，朋友为他整理遗物时发现，他一生的物质财富，就是一个简单的行囊，行囊里是供写作用的纸笔和简单的衣物。而在精神财富方面，他留下了10卷优美的诗歌和随笔作品。

他一生都在路上，从一个地方旅行到另一个地方，用纸笔诉说着自己的旅程。他是一个倔强、孤独的老人，而他拥有的经历及精神财富，让很多人羡慕不已。

在追逐生活的过程中，我们也应该尝试着放弃一些复杂的东西，还原生命的本源，让一切都恢复简单。其实生活本身并不复杂，复杂的只是我们的内心。

幸福一直在我们心底，只是很多时候我们习惯性地选择了视而不见。看看自己的身边：家人健康、有份工作、能自食其力，感受劳动带来的快乐……我们已经拥有很多。

精神氮泵

幸福不在别处，就藏在我们的心底。

烦恼如同风行水上，风停愁自消

日常生活中，每天都会有很多事情发生，我们常常感到苦闷，为了一个小小的职位、一点微薄的奖金，甚至是为了一些他人的闲言碎语而发愁、愤怒，纠缠其中。时间久了，我们的心被折磨得千疮百孔，对生活失去热情，对周围的人也冷淡了很多。如果一直沉溺在这些事情中，不停地抱怨，不断地自责，久而久之，我们的心情就会越来越沮丧。

某企业老板在新员工动员大会上讲述了一个真实的故事，看看他是如何摆脱烦恼的束缚，走向阳光大道的。

“大学刚毕业那段时间，是我心情最灰暗的时候。当时我在一家公司做文员，工资低得可怜，而且同事间还充满排斥和竞争，我有些适应不了那里的工作环境。更令人难过的是，相爱多年的女友也执意要离我而去，我没有想到几年的爱情竟然经不起现实的考验，我的心在一点儿一点儿地破碎。朋友建议我去找一位知名的心理专家咨询一下，以摆脱自己的困境。

“当那位老专家听完我的诉说后，他把我带到一间很小的办公室，室内唯一的桌上放着一杯水。老专家微笑着说：‘你看这个杯子，它已经放在这里很久了，几乎每天都有灰尘落入里面，但它依然澄清透明。你知道是为什么吗？’

“我认真思索，像是要看穿这杯子，是的，这到底是为什

么呢？这杯水有这么多杂质，但为什么仍很清澈呢？对了，我知道了，我跳起来说：‘我懂了，所有的灰尘都沉淀到杯子底下了。’老专家赞同地点点头：‘年轻人，生活中烦心的事很多，有些事越想忘掉越不易忘掉，那就记住它们好了。就像这杯水，如果你厌恶它，使劲儿摇晃它，就会使整杯水都不得安宁，混浊一片，这是多么愚蠢的行为。如果你愿意慢慢地、静静地让它们沉淀下来，用宽广的胸怀去容纳它们，那么心灵不但不会因此受到感染，反而更加纯净。’

“以后当我再遇到不如意的事时，就试着把所有的烦恼都沉入心底，不与那些不顺的事纠缠。当它们慢慢沉淀下来时，我的生活就由阴转晴了，变得快乐和明媚起来。”

不是苦恼太多，而是我们还不够开阔；不是幸福太少，而是我们还不懂得生活。烦恼如同落入杯中的灰尘一样落入了你的生活。那些忘不掉的，你且放在心底，等生活雨过天晴了，再回头想想，或许就觉得没有当初那么严重了。

精神氮泵

烦恼如同风拂叶，不要刻意追求它的消止，要知道，风停愁自消。

心宽了，整个世界也就广了

心灵就像一个人的翅膀，心有多大，世界就有多大。但如果不能冲破心中的牢笼，你的翅膀就舒展不开，即使给你一片蓝天，也找不到自由的感觉。

有一条鱼在很小的时候被捕上了岸，渔人看它太小，而且很美丽，便把它当成礼物送给了女儿。小女孩儿把它放在一个鱼缸里养了起来，每天这条鱼游来游去时总会碰到鱼缸的内壁，心里便有一种不愉快的感觉。

后来鱼越长越大，在鱼缸里转身都困难了，女孩儿便给它换了更大的鱼缸，它又可以游来游去了。可是每次碰到鱼缸的内壁，它畅快的心情便会暗淡下来。它有些讨厌这种原地转圈的生活了，索性静静地悬浮在水中，不游也不动，甚至连食物也不怎么吃了。女孩儿看它很可怜，便把它放回了大海。

它在海中不停地游着，心中却一直快乐不起来。一天它遇见了另一条鱼，那条鱼问它："你看起来好像闷闷不乐啊！"它叹了口气说："啊，这个鱼缸太大了，我怎么也碰不到它的边！"

我们是不是就像那条鱼呢？在鱼缸中待久了，心也变得像鱼缸一样小，不敢有所突破。当有一天到了一个更为广阔的空间时，狭小的心反倒无所适从了。

俄国作家尤·沃滋涅先斯卡娅对幸福的阐释是，"幸福就是那些快乐的时刻，一颗宁静的心对着什么人或什么东西发出的微笑”。在《篮子的秘密》一文中，她写道：

有段时间我曾极度痛苦，几乎不能自拔，以至于想到了死。那是在安德鲁沙出国后不久，我知道，他永远不会回来了。一天，我路过一家半地下室的菜店，见到一个美丽无比的妇人正踏着台阶上来——太美了，简直是拉斐尔《圣母像》的翻版！我不知不觉地放慢了脚步，凝视着她的脸，因为起初我只能看到她的脸，但当她走出来时，我才发现她矮得像个侏儒，而且还驼背。我耷拉下眼皮，快步走开了。我羞愧万分。“瓦柳卡，”我对自己说，“你四肢发育正常，身体健康，长相也不错，怎么能整天这样垂头丧气呢？打起精神来！像刚才那位可怜的人才是真正不幸的人……”

我就是这样学会了不让自己自怨自艾，而如何使自己幸福愉快却是从一位老太太那儿学来的。那次事件以后，我很快又陷入了烦恼，但这次我知道如何克服这种情绪。于是，我便去夏日乐园漫步散心，我顺便带了件快要完工的刺绣桌布，免得空手坐在那里无所事事。我穿上一件极其简单朴素的连衣裙，把头发在脑后随便梳了一条大辫子。又不是去参加舞会，只不过是出去散散心而已。

我来到公园，找个空位子坐下，便飞针走线地绣起花儿来。一边绣，一边告诫自己：“打起精神！平静下来！要知道，你并没有什么不幸。”这样一想，确实平静了许多，于是就准备

回家。恰在这时，坐在对面的一个老太太起身朝我走来。

“如果你不急着走，”她说，“我可以坐在这儿跟你聊聊吗？”

“当然可以！”

她在我身边坐下，面带微笑地望着我说：“知道吗？我看了你好长时间了，真觉得是一种享受，现在像您这样的人可真不多见。”

“什么不多见？”

“你这一切！在现代化的彼得格勒市中心，忽然看到一位梳长辫子的俊秀姑娘，穿一身朴素的白麻布裙子，坐在这儿绣花！简直想象不出这是多么美好的景象！我要把它珍藏在我的幸福篮子里。”

“什么，幸福篮子？”

“这是个秘密！不过我还是想告诉你。你希望自己幸福吗？谁都愿意幸福，但并不是所有的人都懂得怎样才能幸福。我教给你吧，算是对你的奖赏。孩子，幸福并不是成功、运气甚至爱情。你这么年轻，也许会以为爱就是幸福。不是的，幸福就是那些快乐的时刻，一颗宁静的心对着什么人或什么东西发出的微笑。我坐在椅子上，看到对面一位漂亮姑娘在聚精会神地绣花，我的心就向你微笑了。我已把这一时刻记录下来，为了以后一遍遍地回忆。我把它装进我的幸福篮子里了。这样，

每当我难过时，我就打开篮子，将里面的珍品细细品味一遍，其中会有个我取名为‘白衣姑娘在夏日乐园刺绣’的时刻。想到它，此情此景便会立即重现，我就会看到，在深绿的树叶与洁白的雕塑的衬托下，一位姑娘在聚精会神地绣花。我就会想起阳光透过树的枝叶洒在你的衣裙上；你的辫子从椅子后面垂下来，几乎拖到地上；你的凉鞋有点儿磨脚，你就脱下凉鞋，赤着脚，脚趾还朝里弯着，因为地面有点儿凉。我也许会想起更多，一些此时我还没有想到的细节。”

收集幸福时刻的篮子，多么奇妙的想法！就像我们在遇到开心事的时候，会感觉整个世界都变得美好了一样，当我们把自己的内心安定好，即使面对再大的困难，也能够从容应对。

精神氮泵

把握好手中的遥控器，将你的心灵视窗调至快乐频道，你的心认为对了，整个世界便也对了。

快乐在于你所朝的方向

生活是一个完整的过程，平淡中蕴含着喜怒哀乐，需要每一个人用心品味。

战时，汤姆森太太的丈夫到一个位于沙漠中心的陆军基地去驻防。为了能经常与他相聚，她搬到了基地附近居住。

那实在是个可憎的地方，她简直没见过比那更糟糕的地方。丈夫出外参加演习时，她就一个人待在那间小房子里。那儿热得要命，仙人掌阴影下的温度都高达华氏 125 度；没有一个可以谈话的人；风沙很大，到处是沙子。

汤姆森太太觉得自己倒霉透了，很可怜，于是便写信给父母，告诉他们她放弃了，准备回家，她一分钟也不能再忍受了，她宁愿去坐牢也不想待在这个鬼地方。她父亲的回信只有 3 句话，这 3 句话常常萦绕在她的心中，并改变了汤姆森太太的一生：有两个人从铁窗朝外望去，一个人看到的是满地的泥泞，另一个人却看到满天的繁星。她把父亲的这几句话反复念了多遍，忽然间觉得自己很笨，于是她决定找出自己目前处境的有利之处。她开始和当地的居民交朋友，他们都非常热心，当汤姆森太太对他们的编织和陶艺表现出极大兴趣时，他们会把那些舍不得卖给游客的心爱之物送给她。她开始研究各种各样的仙人掌、顶着太阳寻找土拨鼠、观赏沙漠中的黄昏、寻找 300

万年以前的贝壳化石。

她发现这片新天地令她既兴奋又刺激，于是她开始着手写一本小说，讲述她是怎样逃出了自筑的牢狱，找到了美丽的星辰。

汤姆森太太成了一个快乐的人，她终日保持着微笑，也因此赢得了当地人的喜爱。

有些人常常在烦恼中不能自拔，常常在失败中不能爬起，常常在悲伤中不能走出来，常常不停犯错却找不出原因。如果他们都能换一个角度思考的话，或许那些烦恼、失败、悲伤、错误都将是一个快乐和成功的起点。世界诚实而公平地存在着，而每个人眼中都有着一个与众不同的“小宇宙”，不同的人在各自的“小宇宙”中发现着不同的色彩，演绎着各自的人生。

正如梭罗所说：“不论你的生活如何卑微，你都得面对，不要逃避，也不要以恶言相加。”快乐只是一个角度问题，找对了方向，你就会笑着面对一切。

精神氮泵

快乐不在于我们所处的位置，而在于我们所朝的方向。宠辱不惊，闲看庭前花开花落；去留无意，漫随天外云卷云舒。

第八章

当下的你是最好的你

钟是寺院里的号令，清晨的钟声是先急后缓，警醒大众，长夜已过，勿再沉睡。而夜晚的钟声是先缓后急，提醒大众觉昏衢，疏冥昧！一天作息，是始于钟声，止于钟声。

当下的你是最好的你

每个年龄都是最好的，享受你现在的年龄吧！世上有很多事是无法提前的，唯有认真地活在当下，才是最真实的人生态度。

几岁是生命中最好的年龄呢？一个电视节目拿这个问题问了很多的人。

一个小女孩儿说："2个月，因为你会被抱着走，你会得到很多的爱与照顾。"

另一个小孩儿回答："3岁，因为不用去上学，你可以做几

乎所有想做的事，也可以不停地玩耍。”

一个少年说：“18 岁，因为你高中毕业了，你可以开车去任何想去的地方。”

一个女孩儿说：“16 岁，因为可以穿耳洞。”

一个男人回答说：“25 岁，因为你有较多的活力。”这个男人 43 岁。他说自己现在越来越没有体力走上坡路了。15 岁时，他经常到了午夜才上床睡觉，但现在晚上 9 点一到便昏昏欲睡了。

一个 3 岁的小女孩儿说生命中最好的年龄是 29 岁，因为可以躺在屋子里的任何地方，虚度所有的时间。有人问她：“你妈妈多少岁？”她回答说：“29 岁。”

有人认为 40 岁是最好的年龄，因为，这时是生活与精力的最高峰。

一位女士回答说 45 岁，因为你已经尽完了抚养子女的义务，可以享受含饴弄孙之乐了。一个男人说65岁，因为可以开始享受退休生活。

最后一个接受访问的是一位老太太，她说：“每个年龄都是最好的，享受你现在的年龄吧！”

美国作家爱玛·洛蒙贝克有一篇著名的短文，写的是一位行将就木的老妇人对自己一生的追悔。

“如果我能重新开始一生，那我要对我传统的生活方式做出变更：我会邀请朋友来吃饭，即使地毯很脏、沙发很乱。

“我会在考究的起居室里大吃爆米花，要是有人想生个火，我绝不会计较满屋灰烬。

“我会耐着性子，倾听老祖父唠叨他年轻时的事情。

“严冬，我会穿着火红的裙子，赤足在雪地上一边漫步，一边沉思。

“盛夏，我再也不怕赤日炎炎，我会让阳光将我的全身灼得发痛。

“我会背上我女儿的小书包，像天真的女学生，在亮晶晶的雨珠中欢笑、奔跑。

“我会同我的孩子一起坐在草地上而全然不顾斑斑草渍。

“当粉红色的蜡烛燃尽之际，我会将它雕成一朵玫瑰花。

“毫无疑问，我会更多地分担丈夫肩上的责任。

“如果我生了病，我就上床休息。我再也不会傻乎乎地认为，要是我卧床不起，家里会乱作一团，地球也不会旋转。

"当我的孩子突然奔来吻我时，我再也不会说：'等等，先去洗个脸……'我会有更多的爱情，也会有更多的遗憾……不过，有一点却可以肯定：如果我再有一次人生，我要让每分钟都充满奇异又朴素的美。"

人们之所以总是会有这样或者那样的麻烦，是因为人们总是生活在过去或者未来，忽视了当下的生活。而一个真正懂得活在当下的人，才能在快乐来临的时候就享受快乐，痛苦来临的时候就迎着痛苦，在黑暗与光明中，既不回避也不逃离，以坦然的态度来面对人生。

不要活在过去或只是为未来而活，我们要做的是把全部的精力用来承担眼前的这一刻，因为失去的此刻不会重来，不能珍惜现在也就无法享受未来。

精神氮泵

不再张望过去和明天，认真地对待现在的每一个具有决定性的瞬间。

不怕错过，只怕辜负

“生命只有一次，而人生也不过是时间的累积。我若让今天的时光白白流逝，就等于毁掉人生的最后一页。因此，我珍惜今天的一分一秒，因为它们将一去不复返。我无法把今天存入银行，明天再来取用。时间像风一样不可捕捉，每一分每一秒，我要用双手捧住，用爱心抚摸，因为它们如此宝贵。垂死的人用毕生的钱财都无法换得一口生气。我无法计算时间的价值，它们是无价之宝，今天是我生命中的最后一天。”激发起读者阅读热情和自学精神的作家奥格·曼迪诺在《假如今天是生命中的最后一天》中如是说。

时间就是一座脆弱的桥梁，走过便无法回头，我们迈出的每一步，都变成过去，变成永恒。过去不再属于我们，一个人如果珍视时间，首先所要做的就是追赶今天的太阳，不被酸苦的忧虑和辛涩的悔恨所销蚀。

安格斯读小学的时候，他的外祖母过世了。外祖母生前最疼爱他，安格斯无法消除自己的忧伤，每天在学校操场上一圈又一圈地跑着，跑得累倒在地上，扑在草坪上痛哭。

哀痛的日子，断断续续地持续了很久，爸爸妈妈也不知道如何安慰他。他们知道与其骗儿子说外祖母睡着了（可她总有一天要醒来），还不如说实话：外祖母永远不会回来了。

“什么是永远不会回来呢？”安格斯问道。

“所有时间里的事物，都永远不会回来，你的昨天过去，它就永远变成昨天，你不能再回到昨天。爸爸以前也和你一样小，现在也不能回到你这么小的童年了，有一天你会长大，会像外祖母一样老，有一天你度过了你的时间，就永远不能回来了。”爸爸说。

以后，安格斯每天放学回家，在家里的庭院里看着太阳一寸一寸地沉到地平线以下，就知道一天真的过完了，虽然明天还会有新的太阳，但永远不会有今天的太阳了。

时间过得那么快，安格斯幼小的心灵里不只有着急，还有悲伤。有一天，他放学回家，看到太阳快落山了，就下决心说：“我要比太阳更快地回家。”他狂奔回去，站在庭院前喘气的时候，看到太阳还露着半边脸，就高兴地跳跃起来，那一天他觉得自己跑赢了太阳。以后他就时常做那样的游戏，有时和太阳赛跑，有时和西北风比快，有时一个暑假才能完成的作业，他十来天就做完了。那时他三年级，常常把五年级的作业拿来做。每一次比赛胜过时间，安格斯就快乐得不知道怎么形容。

后来的 20 年里，他因此受益无穷，虽然他知道人永远跑不过时间，但是人可以比自己原有的时间跑快一步，如果跑得快，有时可以快好几步。那几步很小很小，用途却很大很大。

所有时间里的事物，都永远不会回来，你的昨天过去，它就永远变成昨天，你不能再回到昨天。

但是，你还有今天，就好像一出戏的开头和结尾互相呼应一样，回忆过去不如奋发今天。

人生是一次单程旅行。生命的列车一旦启动，就会朝着一个地方隆隆驶去，绝无掉头的可能。我们每个乘坐这列列车的人都要明白：决定什么时间做什么事，而不是让时间来决定你应该做什么事。

精神氮泵

昨天已经流逝，明天还未到来，所以我们要用全部的精力过好今天！

不执着的生命更美丽

埃克哈特·托利是《当下的力量》的作者，他在分析痛苦的时候，有过一段精辟的论述："你现在所造成的痛苦，十之八九都是对'本然如是'某种形式的不接纳和无意识的抗拒。抗拒以批判的形式，呈现在思想的层面上；而在情感的层面上，它又以负面情感的形式呈现。痛苦的强度，根据你对当下这一刻抗拒的程度而定，而抗拒的程度，又决定你与心智认同的强度。心智总是想尽办法否认当下、逃避当下。换言之，你越认同你的心智，你受的苦就越多。再换一个说法就是：你能够尊重和接受当下的程度越高，你免于痛苦和受苦、免于我执心智的程度就越大。"

多年以前，一个女孩儿因为失手伤了人而坐牢了，尽管后来被释放，她仍然很痛苦。于是她到教堂祷告，希望上帝能够分担她的痛苦。看到女孩一脸悲伤，一位牧师问她发生了什么事。这个女孩儿哭了，她泣不成声地说："我好惨啊，我多么不幸啊，我这一辈子都忘不了这件事情……"

听罢她的陈述，牧师对她说："这位小姐，是你自愿坐牢的。"

这个女孩儿被牧师的话吓了一跳，说："你说什么？我怎么可能自愿坐牢？"

牧师对她说：“你尽管已经从监狱里出来了，但在你的心里，天天心甘情愿地被关在牢里，你这不是自愿坐在心中的牢狱里吗？”

人之所以痛苦，是因为存有执念，执念让人无法释怀，将自己锁在痛苦的牢笼中，在快乐的时候折磨自己的内心，在难过的时候雪上加霜，陷入自己布置的痛苦陷阱，一而再再而三地重复自己的痛苦，以致忘记快乐的过去，让痛苦占据了自己的思维，慢慢地挤掉了生命中快乐的空间。

精神氮泵

放弃执着的念想，换个角度，生活就会出现新的生机。

在内心种一粒信仰的种子

“所谓信仰就是确立纹丝不动的自我，是充满勇气的‘自立’行为。这就是说，人生的道路上也许有什么东西在等着我们，而不管它是什么东西，也不管发生什么事情，自己始终泰然自若。”池田大作对于信仰的界定，亦如汪国真的一首小诗，“既然选择了前方，便只顾风雨兼程”。

这里说的信仰，无关宗教，而是指心灵到达最终归宿的力量。真正的信仰是心灵上的恭敬，是穿透生死迷雾的一道光，为人们指引着方向。人生需要真正的信仰，在信仰的光芒里，摆脱对黑暗和死亡的恐惧。

每天晚上，大师都要去荒岛上的洞穴里坐禅。

有几个爱捣乱的年轻人想捉弄一下他，便藏在他必经的路上，等他过来的时候，一个人从树上把手垂下来，扣在大师的头上。

年轻人原以为大师必定会吓得魂飞魄散，哪知大师任年轻人扣住自己的头，静静地站立不动。年轻人反而吓了一跳，急忙将手缩回，大师则若无其事地离去了。

第二天，这几个年轻人一起到大师那儿去，他们向大师问道：“大师，听说附近经常闹鬼，有这回事吗？”

大师说：“没有的事。”

“是吗？我们听说有人在夜晚走路的时候被鬼按住了头。”

“那不是什么鬼，而是村里的年轻人。”

“为什么这么说呢？”

大师答道：“因为魔鬼没有那么宽厚暖和的手啊！”他接着说：“临阵不惧生死，是将军之勇；进山不惧虎狼，是猎人之勇；入水不惧蛟龙，是渔人之勇；和尚的勇是什么？就是一个‘悟’字。连生死都超脱了，怎么还会有恐惧感呢？”

信仰不在于形式，而在于内心的虔敬，体现在日常生活中，是一种发自内心的行为。“一个人坚持一种习惯，比如节食、跑步、按时起居，也几乎可以算是有信仰了”，周国平的这句话可谓点出了信仰的本质。

在纽约附近有一个小镇，镇上有一位名叫吉姆的男孩，他十分可爱，也是位真正的男子汉，一个真正意志坚强的人。他是个天生的运动好手，不过在他刚上中学不久腿就瘸了，并迅速恶化为癌症。医生告诉他必须动手术，他的一条腿便被切掉了。出院后，他拄着拐杖返回学校，高兴地告诉朋友们，说他将会安上一条木头做的腿，“到时候，我便可以用图钉将袜子钉在腿上，你们谁都做不到”。

足球赛季一开始，吉姆立刻去找教练，问他是否可以当球队的管理员。在练球的几个星期中，他每天都准时到球场，并带着教练训练攻守的沙盘模型，他的勇气和毅力迅即感染了全体队员。有一天下午他没来参加训练，教练非常着急。后来才知道他又进医院做检查了，并得知吉姆的病情已恶化为肺癌。医生说：“吉姆只能活6周了。”

吉姆的父母决定不将此事告诉他，他们希望在吉姆生命最后的日子里，能尽量让他正常生活。所以，吉姆又回到球场上，带着满脸笑容看其他队员练球，给其他队员加油鼓劲儿。因为他的鼓励，球队在整个赛季中保持了全胜的纪录。为庆祝胜利，他们决定举行庆功宴，准备送一个有全体球员签名的足球给吉姆。但是餐会并不圆满，吉姆因身体太虚弱没能来参加。几周后，吉姆又回来了，他这次是来看篮球赛的。他的脸色十分苍白，除此之外，仍是老样子，满脸笑容，和朋友们有说有笑。比赛结束后，他到教练的办公室，整个足球队的队员都在那里，教练还轻声责问他：“怎么没有来参加餐会？”“教练，你不知道我正在节食吗？”他的笑容掩盖了脸上的苍白。其中一位队员拿出要送他的胜利足球，说道：“吉姆，都是因为你，我们才能获胜。”吉姆含着眼泪，轻声道谢。教练、吉姆和其他队员谈到下个赛季的设计，然后大家互相道别。吉姆走到门口，以冷静坚定的目光回头看着教练说：“再见，教练！”“你的意思是说，我们明天见，对不对？”教练问。吉姆的眼睛亮了起来，坚定的目光化为一种微笑。“别替我担心，我没事！”说完话，他便离开了。

两天后，吉姆离开了人世。

其实，吉姆早就知道了自己的身体状况，但凭借信仰的力

量，他在最糟的环境中创造出令人振奋而温暖的感觉。

汪国真在《热爱生命》中写道："我不去想是否能够成功，既然选择了远方，便只顾风雨兼程。我不去想能否赢得爱情，既然钟情于玫瑰，就勇敢地吐露真诚。我不去想身后会不会袭来寒风冷雨，既然目标是地平线，留给世界的只能是背影。我不去想未来是平坦还是泥泞，只要热爱生命，一切都在意料之中。"

生命是很奇特的，它会以不同的方式来满足你的愿望。一旦你非常清楚自己要做什么，下决心去做一件事，往往都会如愿以偿。从踏上信仰的第一步开始，你的心灵就会发生美妙的变化。

精神氮泵

生活需要信仰，如此才能坚定心中的目标，才能脚踏实地地追逐梦想，憧憬未来。